犬にも人にも優しい飼い方のメソッド

愛犬をケガや病気から守る本

愛犬の友編集部／編

誠文堂新光社

愛犬をケガや病気から守る本

●目次

第6章 犬の健康を守るテクニック

■なかしま なおみ
■相澤 まな
■石野 孝

第7章 シニアからの健康管理

■戸田 功

はじめに

愛犬の友編集部では、これまで多くの動物病院を取材してきました。そんななか、飼い主が気をつけていれば防げた可能性が高い、犬のケガや病気がいかに多いかを感じずにはいられません。私たちが考える以上に、犬の日常生活には危険があるといってもよいでしょう。

この本では、愛犬のケガや病気を未然に防ぐため、飼い主になにができるのかを、獣医師や専門家の執筆でまとめています。

抱き方、遊び方、散歩、シャンプー、グルーミング、歯磨き、室内や屋外環境の整え方など、犬の心身に負担をかけない正しい方法をご紹介します。

また、人に対しても「ストレスは病気のもと」といわれますが、犬もストレスによって免疫力が低下したり、身体の調子が悪くなったりします。それを防げるよう、愛犬のストレスを軽減する接し方や、しつけのコツなども伝授します。

さらに、病気予防にも役立ち、飼い主と愛犬のコミュニケーションにも最適な、Tタッチ、マッサージ、ツボ刺激法、アロマテラピーといった「補完代替医療」まで網羅しました。

ぜひ、愛犬の健康促進とケガや病気の予防に、この一冊をご活用ください。

（愛犬の友編集部）

第1章

犬に負担をかけない抱き方と遊び方

■石野 孝　■箱崎 加奈子

犬種やサイズ別に異なる弱点とは

犬種の体格や特性によって、とくに気をつけなければならないポイントが異なります。ケガや病気をさせないように愛犬の弱点を知り、病気の予防に役立ててください。

石野 孝

小型犬の弱点

小型犬全般にいえるのは、抱っこや高い場所からの落下による骨折が多いことです。落とさないような抱き方や、環境整備が重要になります。

小型犬には、膝蓋骨(しつがいこつ)脱臼を起こす犬種も少なくありません。滑る床での運動などが環境要因として発症リスクを高めることになるので、日々の生活で予防に努めましょう。

また、とくにミニチュア・ダックスフンドに比較的多く見られますが、小型犬は椎間板疾患も発症しやすいといえます。腰に負担のかかる姿勢で抱いたり遊んだりすることは避けなければなりません。

大型犬の弱点

小型犬でも股関節を痛めるケースはありますが、大型犬のほうが、股関節の問題を抱えやすいといえます。小型犬も同じことがいえますが、とくに大型犬の場合は、フローリングの滑りやすい床などは歩行の際に重心がアンバランスになり、関節に負担をかけるので注意しましょう。

むちゃな抱き方なども避けるべきです。

犬種の特性による弱点

世界中にはさまざまな犬種がいて、その身体的な特徴による弱点が多いのも事実です。

いわゆる鼻ぺちゃでマズルが短い短頭種は、咽頭から鼻にかけての気道が狭くなっているため、呼吸器のトラブルを抱えやすいという弱点があります。気道を圧迫しないような抱き方や、激しい運動による呼吸困難などには注意が必要です。

小型犬のなかでは高速ランナーである犬種のひとつ、イタリアン・グレイハウンドは、脚の骨が細いため骨折の多い犬種です。ほかの犬種では折れないようなちょっとした刺激でも折れるケースが少なくないため、飼い主も気をつけてあげましょう。

小型犬～大型犬の正しい抱き方

石野 孝

落下に注意

抱っこの状態から落下して、骨折や脳挫傷になる犬は少なくありません。とくに、小型犬や骨の細い犬種は落下事故で脚の骨が折れやすいので注意が必要です。安定した抱き方を覚えて、犬の落下を防ぎましょう。

負担をかけない抱き方を

犬は4本の脚で立つ動物です。縦向きや、腰が曲がるような抱き方は犬の身体に不自然な力がかかるのでよくありません。抱き上げる際も、脇の下やお腹を圧迫しないようにしましょう。

抱っこに慣れさせて

老犬までのライフステージで考えると、抱っこは必ず必要になるでしょう。ドライブ中にクレートでは車酔いをする犬が、飼い主の安定した抱っこによって酔わなくなることも。落ち着いて抱かれているときにごほうびをあげて、抱っこに慣らしてあげましょう。

危険な抱き方

その1

縦向き&姿勢を崩して抱く

縦向きの姿勢で抱かれることは、犬にとっては腰に負担がかかります。とくに、椎間板ヘルニアになりやすいダックスフンドなどは要注意！
支える箇所で背骨がまっすぐにならず、背中や腰がゆがんだ姿勢で抱くことも身体に不自然な力が加わるためNGです。

その2

仰向け&腰を曲げて抱く

仰向けの姿勢は、犬にとっては自然ではありません。心臓や肺に負荷がかかり、とくに短頭種では、呼吸器に負担がかかり呼吸しづらくなる危険性があります。
また、仰向けで抱かれたときに腰が湾曲するような状態になると、腰を痛める原因にもなりかねません。

NG

その3

弱い力で不安定に抱く

飼い主が壊れ物を扱うかのように弱い力で犬を抱くと、犬自身も安定できず不安な気持ちになります。
また犬が暴れるからといって、飼い主が抱いている力を弱めるとさらに不安定に。犬がもっと落ち着けず、降りようとして落下事故につながる危険性が高まります。

NG

その4

脇を持って抱き上げる

脇の下に飼い主の手を入れて抱き上げると、前脚の付け根にある関節を痛める場合があります。犬の体重の負荷が脇の部分に集中するので、当然のこと。犬自身も痛くて、キャンと鳴いたりするかもしれません。同様に、腕を持って抱き上げるのもよくありません。

小型犬の正しい抱き方

落下事故の多い小型犬は、
飼い主が思うよりも力を入れて抱き、
安定させてあげるのがコツです。

犬の前脚とお尻を包むような感じで、抱き上げます。犬の背骨が、なるべく地面と水平からお座りの姿勢くらいまでになるように抱きましょう。

飼い主は肘を締め、犬の身体をできるだけ密着させておきます。動きがちな犬の場合、前脚を支えておいてあげてもよいでしょう。

中型犬の正しい抱き方

抱き方の鉄則は、飼い主の身体に
できるだけ犬の身体の面積の多くを密着させること。
これで、犬が安定します。

犬の胸元を飼い主の腕で支えたら、股の間に手を入れてスッと犬を抱き上げます。

飼い主も犬の頭がある側の脇は閉じて、安定的な姿勢を作ります。下半身の安定感がよくなければ、犬の後肢を飼い主の手のひらで支えてあげましょう。

大型犬の正しい抱き方

大型犬でも、通院時や老犬になった際に
抱く必要性も出てきます。
飼い主の負担も軽減する抱き方をご紹介します。

可能であれば、ソファや台の上に犬を上げてから抱くと飼い主の身体にかかる負荷が減ります。犬を飼い主の身体に密着させて、まずは胸元とお尻を包み込むようにします。

飼い主も犬の頭がある側の脇を閉じて、安定的な姿勢を作ります。下半身の安定感がよくなければ、犬の後肢を飼い主の手のひらで支えてあげましょう。

心身に負担をかけない遊び方

箱崎　加奈子

NG

引っぱりっこに夢中になり、前脚が上がってしまっています。この写真はよくない例なのですが、その理由はこの章を読めば明らかに!!

遊びは楽しく健康的に

　飼い主と遊ぶ時間は、愛犬も楽しいもの。飼い主とのすばらしい信頼関係を構築するためのとっておきの時間となることでしょう。

　ところが、せっかくの遊びの時間に、犬の身体に負担をかけたり、ストレスを感じさせたりと、病気につながるような事態を招くケースも多いのが事実。犬の身体にも、そして心にも負担をかけないような方法を心得て遊ぶことも、飼い主の務めでしょう。

しつけに利用できる遊び

　留守番時のストレス解消や困った行動の予防のために知育玩具を、しつけやトレーニングのごほうびにおもちゃや遊びを、ストレス解消と犬同士のマナーを覚えるためにしつけ教室で犬同士の遊びを……。と、おもちゃや遊びそのものが、犬のよい行動を強化するのに役立ちます。

　飼い主も愛犬もハッピーな生活が送れるように、おもちゃや遊びを上手に取り入れましょう。

危険な遊び方

その1

犬の前脚が浮く

犬は４本の脚を地面に付けている状態が自然です。後ろ脚だけで立つと、重心が不安定になり、下半身に無理な力が入ります。股関節や膝の関節などを痛める原因になるので要注意！ 腰にも負担がかかるので、ダックスフンド、シー・ズーなど、椎間板ヘルニアになりやすい犬種ではとくに避けたい姿勢です。

その2

滑る床で遊ぶ

フローリングなどの滑る床では、地面で四肢を踏ん張ることができないので犬の足腰への負担がかかります。膝蓋骨脱臼や関節炎などの原因になるケースも少なくありません。とくに筋肉が未発達な子犬では、ケガを招きやすく、正常な発達を妨げる危険性もあるので注意しましょう。

ボロボロになったおもちゃは誤飲につながり、思わぬ事故になりかねません。ご注意を！

その3

病気を招く玩具を与えたままにする

ぬいぐるみの中綿や、ほどいたロープを飼い主が知らないうちに誤飲すると、腸閉塞などの原因になり危険です。
また、本物の骨やひづめなど硬い素材のおもちゃによって、歯が削れたり折れたり、ボールやフライングディスクなどで歯がすり減ることも。硬いおもちゃは犬には厳禁です。

その4

トラブルの予防をしない&犬の気持ちを考えずドッグランに行く

ドッグランでおやつやおもちゃを出すと、犬同士が奪い合いのケンカになってケガの原因になることも少なくないので注意しましょう。
もし愛犬がほかの犬が苦手ならば、ドッグランは恐怖を感じる場所にしかなりません。何度連れて行っても慣れるわけではなく、愛犬のストレスになるので行くのを控えましょう。

正しい遊び方

その1 監視のもとでおもちゃ遊びをさせる

OK!

犬が遊んでいるうちにおもちゃを破壊して、破片や中綿やヒモ状のものなどを誤飲しないように、常に飼い主が監視しておきましょう。すぐにおもちゃを壊してしまう犬には、中綿のない犬用のぬいぐるみ玩具や、崩れにくいロープトイなどを選ぶとよいでしょう。

その2 安全な場所で犬同士に慣らして遊ばせる

OK!

ほかの犬に慣らすためには、生後2～5カ月ごろの子犬の社会化期に、ほかの犬と適切な社会化ができるしつけ教室などに通えればベスト。
成犬になってからでも、犬のプロのサポートを受けながら、犬社会のマナーを身に付けた犬と触れ合わせていけば、ほかの犬との接触で感じるストレスを減らすことが可能です。

その3 滑らない床で遊ぶ

その4 すべての脚が地面に付く状態を保つ

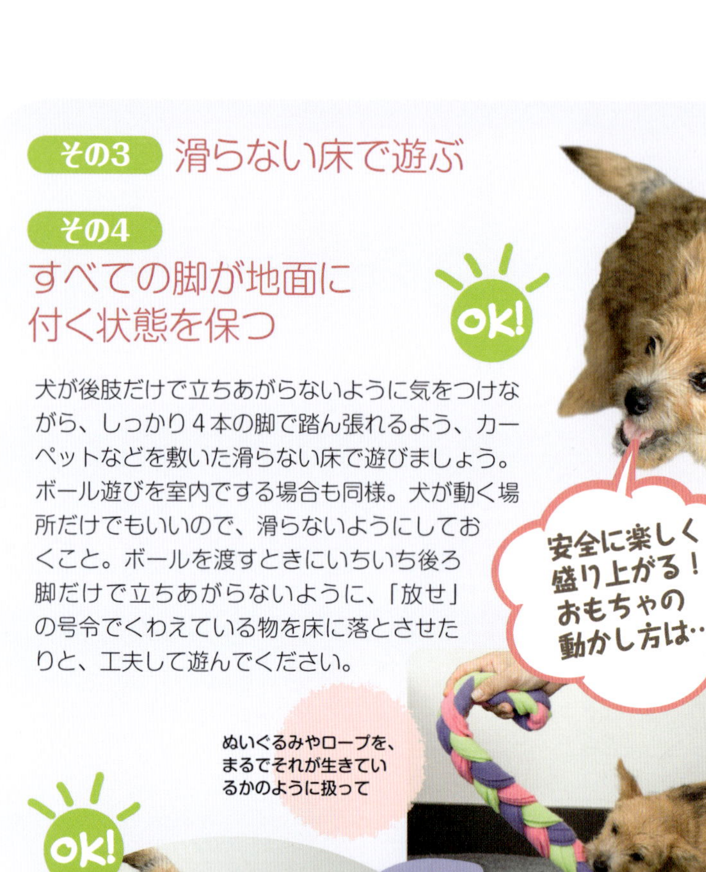

犬が後肢だけで立ちあがらないように気をつけながら、しっかり４本の脚で踏ん張れるよう、カーペットなどを敷いた滑らない床で遊びましょう。ボール遊びを室内でする場合も同様。犬が動く場所だけでもいいので、滑らないようにしておくこと。ボールを渡すときにいちいち後ろ脚だけで立ちあがらないように、「放せ」の号令でくわえている物を床に落とさせたりと、工夫して遊んでください。

ぬいぐるみやロープを、まるでそれが生きているかのように扱って

おもちゃをシュルシュルシュル〜ッと地面を這わせて、狩猟本能を刺激して！

おもちゃを追いながら、飼い主が立てた膝の下をトンネルのようにくぐったり、飼い主の背中側にもまわってぐるぐると走り回ったりさせてみましょう

その5 知育玩具を活用する

犬が長時間独りでいると、飼い主がいないさびしさに加えて、退屈な状況もストレスになり、最悪の場合は「分離不安症」という心の病気になる可能性があります。ストレスを軽減するには、頭を使ってじっくり遊べる知育玩具が役立ちます。フードを内部に仕掛けられるタイプがおすすめ。誤飲できないような安全なものを選び、悪天候で散歩に行けないときなどにも活用しましょう。

おもちゃは出しっぱなしにせず、飼い主が管理！毎回違うものを選んで、ストレス軽減

おもちゃは出しっぱなしにせず、飼い主が管理をしておもちゃを毎回選ぶようにします。遊ぶ前には「お座り」などをさせて、「飼い主のものを貸す」というスタンスをとれば、正しいリーダーシップ（P72～参照）を示せます。遊ぶタイミングも飼い主が決めましょう。遊びを要求する過剰な吠えやジャンプなどは、犬の心身に負担がかかります。おとなしくしていたらごほうびに遊んであげるなど、しつけの一環として遊ぶタイミングを利用すれば、良好な信頼関係（P72～参照）が築け、ストレスが原因となる心身の不調や病気の予防にもつながります。

コラム

無理せず楽しむドッグスポーツ

（編集部）

犬が楽しめるアクティビティ

ドッグスポーツと呼べるものには、アジリティー、フライングディスク、フライボールなどがあります。愛犬と一緒に競技会に参加すれば、飼い主が味わう充実感もひとしおでしょう。

多くの犬種は、人間の仕事のパートナーとしての役割を担うために作出されましたが、現在はいわば「無職」の状態。そんな犬たちにとって、ドッグスポーツは生き生きと輝ける仕事のような役割も果たしているといえます。

そのため、犬たちもドッグスポーツに夢中になるあまり、疲れていてもそのまま続けることもあるので要注意です。高温多湿の日はドッグスポーツを控える、練習途中は無理をしないで休憩をとる、こまめな水分補給を行うなど、愛犬に疲れた様子が見えなくても、飼い主がしっかり管理してあげましょう。

愛犬の弱点も考慮して

若年でも、遺伝的に発症しやすい疾患を抱えている犬もいます。腰や膝、股関節、呼吸器などにトラブルがあった場合は、ドッグスポーツを行うことで身体に負担がかかり、それらの病気の発症の引き金になることも。ドッグスポーツを始めてみたいと思ったら、まずは、愛犬の健康診断を受けることをおすすめします。

また、愛犬の年齢がシニアの域にさしかかってきたときも、ドッグスポーツを行っていることを伝えて、まだ続けられそうかどうか、動物病院で判断してもらうとよいでしょう。愛犬がまだ元気そうでも、シニアからは無理は禁物です。

アジリティーは小型犬でも楽しめます

全力疾走やジャンプなど、身体能力が問われるディスク競技

身体に負担の少ない競技もおすすめ

短頭種など、呼吸器にトラブルの生じやすい犬種は、ハードなドッグスポーツはむずかしいかもしれません。けれども、スポーツ感覚で楽しめるアクティビティはほかにもあります。

たとえば、ドッグダンス。飼い主の脚の間をくぐったり、バックで歩いたり、ぐるりと回ったり……。振付で選ばなければ、2本脚で立ったり走ったりする必要もないので、身体に大きな負担がかかりません。さまざまなトリックを覚えて行く過程は、愛犬にとっても刺激的で楽しいでしょう。

子供でも楽しめる「K9ゲーム」は、トレーニングを応用したもの。椅子とりゲームや、ダンス的なものなど、9つの種目をチームごとに行います。

愛犬の身体的な特質や、病気の有無、年齢などを考慮したうえで、愛犬にマッチするアクティビティを選び、無理せず楽しみましょう。

第2章

日常生活の正しいケア

■加隈 良枝　■戸田 功
■箱崎 加奈子　■相澤 まな

散歩

加隈 良枝

頭の運動にも散歩は重要！健康を促進する散歩の秘訣とは

散歩の役割

動物（犬と猫）の行動の研究をしていると、現代の犬にとって、散歩はとても重要だと感じます。私たち人間も、脳への刺激が足りず退屈な状態が続くと、ストレスが溜まり、心身の不調の原因となります。人間ならば室内にいても、テレビや本やインターネットで情報収集ができ、電話などで他者と交流も行えます。けれども、犬の場合、いつも決まった室内や庭先で過ごすだけでは刺激不足です。犬は、散歩に出かけてこそ、においを嗅いだり、ほかの犬と触れ合ったり、景色を見たり、運動ができたりするのです。飼い主との大切なコミュニケーションの時間でもあります。

散歩の方法を工夫すれば、いつもの散歩よりもストレス解消の効果を高められ、心身の健康を促進することもできます。ここでは、理想的な散歩のポイントをご紹介します。

小型犬でも散歩は必要

先述したように、散歩が犬の探究心や運動要求など、さまざまな欲求を満たすという役割の大きさを考えれば、「小型犬だから散歩は不要」とはいえません。いわゆる「愛玩犬グループ」に属するような、作業犬ではない小型犬種には、体力的な面からは長時間の散歩は必要ないかもしれません。けれども、簡単にいえば「頭の運動」のためには、犬の大きさに、そして年齢にかかわらず、できるだけ毎日散歩に連れて行ってあげてください。

秘訣1 散歩コースは毎回変える

犬にとっては、１日に１～２回しかない刺激的な時間が散歩です。毎回コースが同じでは、犬がそれほどワクワクできません。目からの刺激である景色と、犬にとってはもっとも楽しみな鼻からの刺激であるにおいも、毎回違うほうが頭の運動には効果的です。刺激が少ないことによるストレス（P73参照）を軽減できるほか、脳への刺激は認知症の予防にもなるといわれるので、複数の散歩コースがあると理想的です。散歩道のチョイスが少ない場合は、逆回りにするだけでもよいでしょう。

秘訣2 ペースは強弱をつける

電柱ごとににおいを嗅ぎたがる犬のペースに合わせていては、ダラダラと歩くことになり身体の運動としては効果が落ちます。歩くペースとコースは、飼い主が主導で決めるようにしましょう。人間でも、少し息がハァハァとするくらいの早歩きが有酸素運動になり、健康促進に役立つといわれます。ときには早歩きをしたり、牧羊犬や猟犬などの運動欲求の高い犬種とは一緒に走ったりしてみましょう。

秘訣3 1日の所要時間が同じならば回数を分ける

1日に1時間散歩する場合、1日1回1時間だけよりも、30分を2回行うほうが、脳への刺激になると考えられます。刺激は犬のストレスを軽減させ、認知症の予防などにも効果的だといわれています。可能であれば、同じ所要時間でも回数を増やして散歩するのがおすすめです。

子犬や老犬は抱っこ散歩をしましょう

犬にとって散歩をすることは、脳へのほどよい刺激を与えます。「頭の運動」のために、まだワクチンプログラムが終了していない子犬や、歩行が困難な老犬でも抱っこやカートで散歩に連れて行ってあげてください。

社会の刺激に慣らすことを、「社会化」や「馴化」と言います。警戒心が少なく好奇心が旺盛な子犬期は、社会化にとって一生に一度しかない重要な時期です。多様な刺激に触れさせ、怖がっているようであればおやつなどを与えながら馴らすようにしましょう。

老犬では、脳を刺激することが認知症の予防や悪化防止にも効果があると考えられています。たとえ老犬で目が見えなくても、においや音、風や人の動く気配などは感じられるかもしれません。子犬や老犬の心身を健やかに保つため、なるべく外に連れて行くようにしましょう。

秘訣4 散歩時間はとくに決めない

生活習慣がパターン化すると、犬はそれを覚えてしまいます。食事や散歩がいつも同じ時間の場合、もしそのタイミングが狂うと、犬が戸惑ってストレスに感じることも少なくありません。ストレスは、さまざまな病気を招く原因のひとつです。そういった意味で、散歩時間も決めないで、サプライズ的に外に連れ出すほうがよいでしょう。

秘訣5 “好き”を取り入れ“苦手”を避ける

害獣駆除を行うテリアは物を追いかけること、リトリーバーはボールなどを拾って回収してくること、ボーダー・コリーなどの牧羊犬は長時間走ることなど、作出目的によって犬種ごとに備わった特質があります。それらの欲求を、散歩である程度満たしてあげれば、心身の不調のもとになるストレス解消に役立ちます。また犬によっては、子犬期の社会化が不足したせいなどで、ほかの犬や人や特定のものが苦手なケースも。そのような対象物に成犬になってから無理に近づけると、散歩が嫌いになる恐れがあるため、可能な範囲で避けるようにしましょう。

秘訣6 ときどきにおい嗅ぎをさせる

すべての犬はにおいを嗅ぐことが趣味だといっても、過言ではありません。人間の数百万倍以上も嗅覚のすぐれているという犬たちは、においによって多くの情報収集をしているのです。ほかの犬の排泄物などが残る不衛生な場所は避けることが重要ですが、衛生的な草むらなど安心な場所を選んで、散歩中、ときには犬ににおいを嗅がせてあげてください。病気の予防にも役立つ、ストレス軽減につながります。

ほかの犬の排泄物などに要注意！

散歩中、愛犬ににおい嗅ぎをさせるとき、ほかの犬の排泄物には近づかないように注意して見ておきましょう。犬は、好奇心で、なんでも舐めたり食べたりしやすい習性があるからです。とくに、さまざまな細菌やウイルス、寄生虫やその卵などが排出される便には要注意です。そのほか、除草剤、中毒を起こす植物（P95参照）、ボツリヌス菌がいることが多い動物の死体、悪意ある人物が置いた毒物入りの食べ物なども、散歩中に愛犬が鼻や口を近づけないように気をつけてください。

散歩の必携品リスト

1 ボトルに入れた水

愛犬が排尿した場所は、水で流しておくのが、マナーのひとつ。においや汚れが残り他の人に不快な思いをさせないためにも、また、感染症を予防する公衆衛生上の観点から、ペットボトルなどに入れた水を持って行きましょう。熱中症対策のため、途中で愛犬に水分補給をさせるのにも役立ちます。

2 携帯用のボウル

とくに暑い季節など、散歩中は愛犬が脱水症状に陥らないようにこまめに水分を補給させてあげましょう。携帯しやすい折りたたみ式のボウルなども市販されているので、そういったグッズを持参すると便利です。

3 愛犬が好きなもの

ボールやおやつなど、愛犬の好きなものはさまざまなシーンで役立ちます。ほかの犬に吠える場合は、大好きな音が出るボールを慣らして飼い主に注意を向けてアイコンタクトを取りながら通り過ぎるのもひとつの方法。吠えなければごほうびのおやつを与えます。怖いものがあるときは、大好きなおやつが、苦手意識を軽減させられるアイテムとして役立ちます。

4 うんち袋

原則的に、愛犬のうんちは持ち帰って処理します。スコップで土に埋めただけでは、ほかの動物等が掘り返したりする可能性も否定できません。万が一、愛犬が寄生虫や感染症に感染していた場合は、それをほかの犬にうつす原因になってしまうので必ず持ち帰りましょう。

5 ウエットティッシュ、ティッシュペーパー

愛犬の排泄物がお尻についたままになったときなど、拭きとるのにあると安心です。

6 ロングリード

誰もいない公園などで愛犬を走らせて、運動不足やストレスを解消させるのに便利です。急にやって来た自転車がひっかかる、木などにリードが絡まり愛犬がケガをするといった事故もあるため、使う場所とリードの安全性を必ず確認してください。

（※ノーリードでの散歩は、日本ではほとんど禁止されています）

7 保冷剤

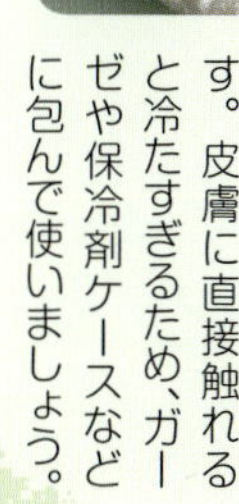

暑い時期の散歩では、ガーゼなどでくるんだ保冷剤を愛犬のそけい部にときどきあてて冷やし、体温の上昇を防ぐようにします。皮膚に直接触れると冷たすぎるため、ガーゼや保冷剤ケースなどに包んで使いましょう。

犬の目線から見た身近な危険①（編集部）

散歩中に犬に迫る身近な危険を、犬の目線から見てみましょう。

食べては危険な植物＆ほかの犬の排泄物

「ボクたち犬に危険な植物（P95〜参照）があるらしいよね。このスイセンも花がないと、飼い主も気づきにくいかもしれないな。植え込みには、感染症の原因になるほかの犬の排泄物が残っていることも多いから注意しようっと。この木には、マダニが潜んでいないといいんだけど……」

狭い道ですれ違う自動車や自転車

「私たち犬は、運転手より低い位置にいるから、運転手から距離感がつかみにくいだろうな。狭い道で正面や背後から来る自動車や自転車は、本当に怖い！　狭い道や曲がり角では、飼い主にはリードを短く持ってもらって、安全を確保してもらいたいワン」

道端に落ちている犬に有害な食べ物

「あ、ガム。でも、キシリトールは、ボクたち犬が食べると中毒を起こすことがある食べ物（P92〜参照）だ。飼い主は見逃してしまいそうなほど小さいけど、愛犬が口にしないように、におい嗅ぎを楽しんでいるときはとくにちゃんと、ボクのことを見ておいてもらいたいな」

歯磨き

戸田 功

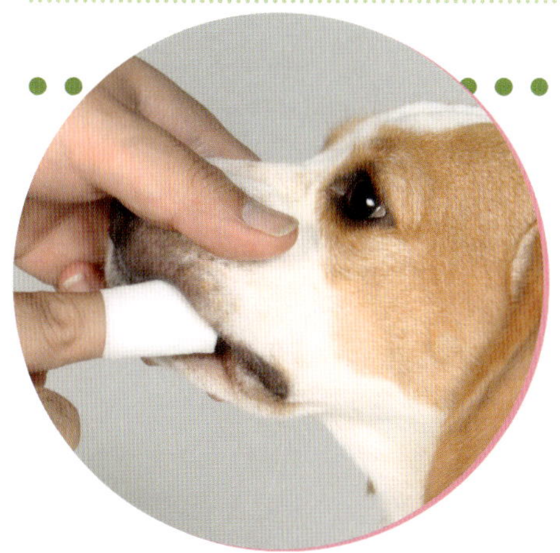

若年でも要注意！歯周病予防のためとても重要な正しいデンタルケア

歯周病とは

3歳以上の犬の8割以上が歯周病にかかっています。歯周病の症状は、歯の汚れと同じではありません。つまり、歯が汚れていなくても、歯周病が悪化していることも多いのです。歯周病になると、歯と歯肉の間に歯周ポケットができ、外からは見えない顎の中が腐っていく怖い病気なのです。歯周病の見た目の状態は、歯肉が腫れたり、歯周ポケットから臭い歯垢や膿が出る程度なので見落としがちです。飼い主の多くは、歯周病がさらに進行し、歯がぐらついて初めて気づくようです。

上顎の犬歯や前臼歯が重度歯周病になると、歯根の周囲の内側の骨が腐り、鼻腔内に歯周病による膿がたまるケースがよく見られます。その場合の症状は慢性的なくしゃみなので、風邪やアレルギーと間違えるかもしれません。

歯周病予防における間違いだらけのケア！

間違い① 歯の表面をガーゼなどでこするだけのケア
間違い② デンタルケア用のおもちゃだけのケア
間違い③ デンタルケア用のおやつだけのケア

歯周ポケットにたまった歯垢が、歯周病の原因です。歯垢のほとんどは細菌なので、歯肉の炎症や歯の組織の破壊を招くのです。きれいな口腔環境の維持には、デンタルケア用のおやつなどは役立ちます。けれども、歯周ポケットの中の歯垢を除去できるのは、歯ブラシでの正しいブラッシングだけです。

愛犬を歯磨き嫌いにさせない

歯磨きトレーニングの方法

ステップ ①

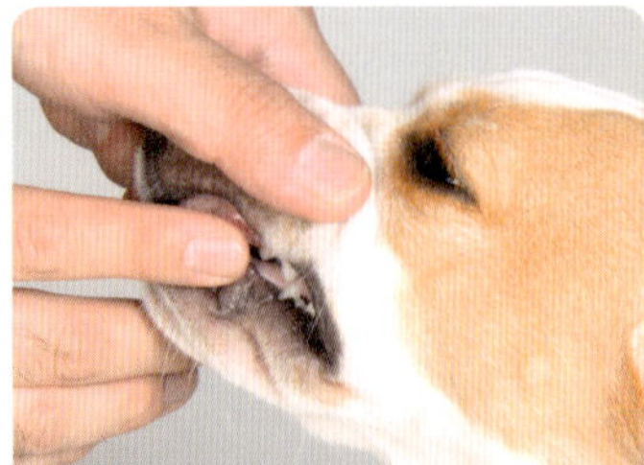

口や歯に触る

子犬のうちから歯磨きを習慣にすることが、歯周病予防のためには重要です。
口の周りを、おやつなどのごほうびを見せながら触れます。触らせてくれたら、ほめて、ごほうびをあげましょう。

ステップ ②

デンタルペーストに慣らす

犬用のデンタルジェルやおいしそうなペーストを指や歯ブラシやガーゼにつけて、歯に触ります。触らせてくれたら、ほめて、ごほうびをあげましょう。このときはまだ、ブラッシングはしないでＯＫ。

ステップ

ブラッシングに慣らす

ごほうびを見せながら、ジェルなどをつけた歯ブラシで歯１本だけを１～２秒だけブラッシングします。前歯や犬歯の表面など、ブラッシングしやすい場所からスタートしてください。上手にできたら、ほめて、ごほうびをあげましょう。

ステップ

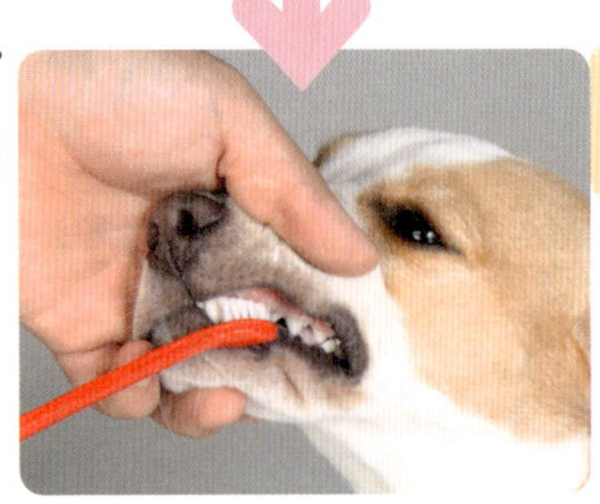

ブラッシングを開始

ステップ３のように、１本ずつ数秒間ブラッシングをして、そのたびに少しだけごほうびをあげます。徐々に、ブラッシングをする歯の本数を増やします。さらに左右や表裏など、ブラッシングする部分を広げていきます。初めのうちは数回だけにして、犬が嫌がる前に終了することと、毎回ごほうびをあげながら楽しんでブラッシングを行うのがコツ。

デンタルケアのポイント

ポイント1 歯ブラシ選び

歯ブラシは、ヘッドが小さく、毛先が細いものがベスト。人間用のものは毛が硬いので、犬用のやわらかい歯ブラシが最適。

ポイント2 タイミング

歯ブラシを見せると、愛犬が喜ぶようになるのを目指そう！それまでは、食後の歯磨きにこだわらなくてOK。散歩やごはんの前など、愛犬が好きなことの前に行うと歯磨きによい印象がつきやすい。

ポイント3 頻度

人間の5倍の速さの3～5日で歯垢が歯石になるため、犬には毎日のブラッシングが理想的。

ポイント4 磨く力加減

ブラシは、必ずやわらかい力で歯周ポケットの中に入るように行うのが鉄則。ゴシゴシと歯の表面だけをこすったりすることのないように注意。

病院での定期的なクリーニングも必要

犬の歯列の内側のラインは入りくんでいるため、歯の内側を完璧に磨くことはむずかしいのも現実です。そこで重要になってくるのが、動物病院でのクリーニング。正しいブラッシングに加えて、年に1～2回は歯科検診とクリーニングを行うようにしましょう。その際、犬種や年齢や体質によって変わってくるデンタルケアの方法について、歯に詳しい獣医師の指導を受けてください。歯周炎の場合、歯周ポケットに歯ブラシを入れる角度なども重要になります。

無麻酔で歯石を取るトリミングサロンや動物病院もありますが、無麻酔での処置では正しく歯科治療を行うことは不可能です。歯の見える部分の汚れを除去するだけで、歯周ポケットの中の歯垢や歯石を取りきることはできません。鎮静や麻酔を行ったうえで、歯周ポケットの内部まできちんとプラークや歯石を除去し、器具によって歯の表面についた傷に対する研磨処置までを行う、専門的なクリーニングを受けるようにしてください。

シャンプー

CARE（ケア） 3

箱崎 加奈子

洗い過ぎは禁物！ 正しく行わないと病気を招く

適切な頻度

シャンプーの頻度が多すぎたり、間違った方法で行ったりすると、愛犬の健康を損ねる危険性があります。

頻度に関しては、犬種や個体や季節によって、適切なタイミングは微妙に異なってきます。けれども、犬を触るとベタつく、臭いが気になり始めるといったサインが現れたら、洗い時と考えてよいでしょう。

一概にはいえませんが、皮膚の状態が正常な犬では、週に1回は洗い過ぎだと考えます。シャンプーをすることで、皮膚のバリア機能を担っている皮脂がいったん洗い流されるため、皮膚が弱くなり、感染症にかかりやすくなったり、皮膚の炎症などを生じる危険性が高まるからです。

一般的には、2〜3週間に一度が適切な頻度といえます。シー・ズーやダックスフンドやフレンチ・ブルドッグといった、皮脂の分泌がほかに比べて多い犬種では、月2〜3回がシャンプーの目安になるでしょう。

正しい方法

シャンプーも、身体を濡らしてから乾かすまで、適切な方法で行わないと、皮膚や目や耳などのトラブルを招くことになります。次のとおり、飼い主にも行いやすい方法を紹介するので、正しいポイントを頭に入れて、愛犬の健康を守りましょう。

シャンプーの前や終了後にはごほうびをあげて、愛犬をシャンプー好きにさせてあげるのがおすすめです。

ポイント1 シャワーヘッドを身体に密着させる

シャンプーの前に、ブラッシングや、足裏の毛などをカットしておくと汚れを落としやすくなります。シャンプー剤をつける前には、犬の身体を十分に濡らしておいてください。お湯の温度は37～38度くらいがベスト。水分がしっかり行き渡るように、また、犬を怖がらせないように、シャワーヘッドは犬の身体に密着させます。嫌がる頭からではなく、まず背中からお尻にかけて濡らします。鼻に水が入らないように、顎の下を片手で支えるのもポイント。目と目の間なども、水を垂らして問題ありません。

NGとなる行為

シャワーを頭からかける

犬が怖がって
シャンプー嫌いになるので。

ポイント2 水を含ませたスポンジの使用もOK

シャワーを怖がる犬や、犬が苦手な頭部などは、スポンジを活用してもよいでしょう。水分をスポンジに含ませたら、怖がらせないように様子を見ながら水分を垂らしていきます。目と目の間は、くるくると円を描くように指をまわして水分が行き渡るように。シャワーヘッドを使う際と同様、犬の鼻の中に水が入らないように、顎を片手で支えておいてあげてください。

NGとなる行為

**嫌がるのに
シャワーを使う**

シャワーで多量の水が顔に
かかると驚く犬が多く、
シャンプーに苦手意識を
抱く原因になるので。

ポイント3 シャンプーの原液はボトルで希釈

犬用のシャンプー剤は、希釈して使用するタイプが少なくありません。希釈しないタイプのものも含めて、シャンプー剤を犬の身体にダイレクトにつけて泡立てるのでは、犬の皮膚に負担がかかります。食器用洗剤の空ボトルなどに、シャンプー剤と水を入れてよく振り、ある程度泡立ててから使用するのが裏技のひとつ。シャンプー剤に水を混ぜたまま時間が経過すると品質が落ちるため、次回のシャンプーまでの作り置きはせず、そのつど希釈してください。

となる行為

原液をそのまま垂らす

泡立てていない原液は皮膚に負担がかかるので。

ポイント4 地肌を揉むようにして洗う

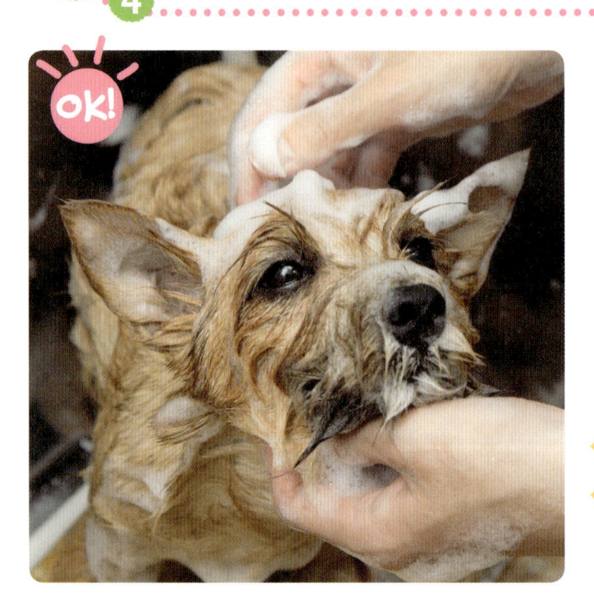

犬は全身を被毛で覆われているため、被毛をきれいにしようと泡で包みたくなるかもしれません。けれども、人間と同じように、シャンプーの役割は、地肌を洗浄すること。ボトル入りの希釈したシャンプー剤を背中に垂らしたら、爪を立てず、指の腹でマッサージをするようにして泡立てましょう。その泡を全身に延ばすようなイメージで、シャンプーを進めていきます。

NG となる行為

被毛を泡で包む

被毛ではなく、
地肌をきれいに洗うことがシャンプーの役割なので。

ポイント5 背中の泡を頭部に移す

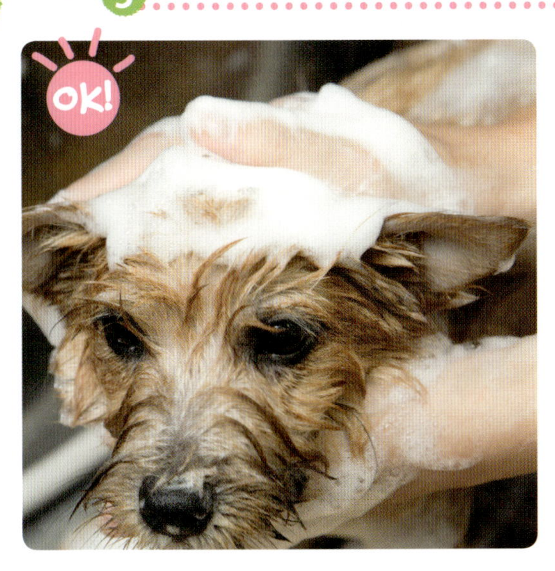

シャンプーのコツは、犬の背中で十分に泡立てた泡を使うこと。頭部も例外ではありません。背中の泡を、シャンプーを行う人の手に集めたら、すくうような格好で頭部に持っていってください。指先でその泡を揉むようにして、鼻先に向かってシャンプーをします。顎は、首元の泡を同じようにして持ってきて洗いましょう。

NGとなる行為

頭部で泡立てる

シャンプー剤を頭部に垂らすと目に入る危険性があるのと、犬の頭部は背中より面積も狭く、十分に泡立てられないので。

ポイント6 顔を上に向けて洗い流す

顔まわりは、シャンプー後にすぐ洗い流しましょう。手際よく、サッと流すのがポイントです。このとき、顔を上に向けて、鼻に水が入らないようにしてください。目や耳に水が入ることは、気にする必要はありません。

NGとなる状態

鼻に水が入ってしまう

犬は鼻に水が入ることを極端に嫌がるため、鼻に水が入るとシャンプー嫌いになり、シャンプーがストレスになるので。

ポイント7 忘れやすいポイントを洗う&流す

飼い主が洗い残しをしやすいところは、耳の付け根、脇の下、足先、脚の付け根、尻尾の付け根です。これらは汚れがたまりやすい部分でもあるので、忘れずにしっかり洗いましょう。また同時に、すすぐ際も忘れやすいため、意識して念入りに流すようにしてください。すすぎも、シャワーヘッドを犬の身体に近づけて行います。胸部や腹部は、人が前肢を持って犬をバンザイさせるとやりやすくなります。

NGとなる状態

洗い残し&すすぎ残しがある

皮膚の炎症や病気の原因になるので。

ポイント8 目や耳の中に水が入っても問題なし

すすぐ際、目や耳に水が入るのを恐れる必要はありません。それよりも、シャンプー剤やリンス剤が、目元や耳の内外に残るほうが有害です。残ったシャンプー剤によって、犬が皮膚炎を発症する危険性もあります。犬は耳に専用洗浄液を入れて耳そうじをすることからもわかるように、人間と犬では耳道の形状が違うため、たとえ耳に水が入ったとしても、ブルブルと頭部を犬自身が振れば水分が排出されるので安心してください。

NGとなる状態

薬剤が目や耳に残る

残った薬剤が、耳や目のトラブルを招く可能性があるので。

ポイント9 全身を十分にタオルドライする

すすぎのあとは、犬自身に何度も身体をブルブルと振らせましょう。その後、タオルドライを念入りに行います。犬の被毛の長さやサイズにもよりますが、タオルは1枚だけではなく、ある程度湿ったら乾いたものに取り換えて何枚も使うとよいでしょう。タオルドライの際も、足先や尻尾や脇の下など、忘れずに拭っておくこと。タオルでまず、水分を可能な限り取ってください。

NGとなる行為

**いきなり
ドライヤーをかける**

ドライヤーを長時間かけると、
犬の皮膚にも精神的にも
負担になるので。

ポイント10 ブラシで被毛をほぐしながら乾かす

犬の被毛が長時間に渡って水分を含んだままでは、蒸れが生じて皮膚のトラブルの原因になることもあります。自然乾燥や生乾きは避けるようにしてください。ドライヤーは、人の胸元に取っ手の部分を固定すると使いやすいでしょう。長毛の犬の場合は、ブラシで毛の1本1本をほぐしながらドライヤーの風をあてるのもポイントです。毛束をほぐさないままにしておくと、蒸れを招くからです。

NGとなる行為

**自然乾燥や中途
半端なドライング**

犬の皮膚が蒸れて、
皮膚病になる危険性が
あるので。

グルーミング

CARE（ケア） 4

箱崎 加奈子

犬の健康を維持する正しい手入れの重要性

犬のグルーミングを、トリミングサロンまかせにしていませんか？　毎週のようにトリミングサロンに行くのであれば、問題はないかもしれません。

けれども、細い毛で覆われた長毛種などは毛玉ができやすいので、ブラッシングは毎日でも行いたいもの。短毛種でも、ブラッシングにより皮膚の新陳代謝が促進されるので行ってあげましょう。

目ヤニを正しい方法で取り除いたり、耳や口周りの毛に汚れが残って雑菌が繁殖しないようにしたり、関節を痛めないように爪切りや足裏の毛のカットをしたりと、グルーミングは病気の予防に必要不可欠なのです。

シャンプー同様、正しい頻度と方法で実施しないと、逆に健康を損なう恐れがあるので要注意です。

必要最低限の手入れの方法に関して、飼い主でも行いやすい道具を使って説明するので、ぜひ基本のテクニックを学んでください。

短毛種のブラッシング

短毛種だからといって、ブラッシングが不要なわけではありません。抜け毛を取り除き、皮膚の新陳代謝を促すためにも手入れは日課にしてください。まず、ラバーブラシ（ゴムブラシ）を使い、地肌をマッサージするように動かしながらブラシをかけします。次に、獣毛ブラシで、毛の流れに沿って全身にブラッシングをしましょう。

ケア 1

毛玉をなくして皮膚への通気性を良くする

ブラッシング

ブラッシングによって被毛についた汚れを落としたり、毛玉を防止したりできます。毛をほぐすことで、皮膚への通気性が良くなって皮膚のトラブル予防にも効果的。

手順 1

長毛種の場合は、最初にスリッカーブラシを使います。犬の皮膚をピンがなでた場合も痛くないように、まずは自分の手で力加減を確かめましょう。スリッカーブラシは、人差し指と親指で、柄の部分を軽く押さえるようにして持ちます。残った指は、収まりやすい部分に軽く添えて。
傘などを持つときのようにブラシの柄を強く握るのは、力が入りすぎるのでNG！

手順 2

背中、お尻、足など、毛の流れに沿ってブラッシングをします。長毛の犬の場合、片方の手で毛の根元を押さえておきましょう。毛先から、毛のほつれをほぐしていきます。前肢や脇の下などは、片脚だけバンザイをさせてブラッシングをするとやりやすいでしょう。

手順 3

耳の付け根、脇の下、尻尾の根元、後ろ足の内側などは、毛玉ができやすい場所です。毛玉を発見しても、決して指でもぎ取らないように。コーム（櫛）をあてて、ハサミで毛玉だけを切り取ってください。

ケア 2

目ヤニや汚れを取り除いて衛生的に保つ

顔周りのケア

目は涙などで湿ることで、雑菌が繁殖しやすくなります。口の周囲には、食べ物のカスなどが付着しやすくなります。それらの汚れをそのまま放置しておくと、皮膚の炎症などを起こしやすくなるので要注意。常に清潔にしておきましょう。

手順 1

顔周りは、主にコームを使って手入れをします。犬が動いて目にコームが入るとケガの原因になるため、顔を固定するのがポイント。犬の顎の下の毛を少し押さえておくと、顔が動かず手入れがしやすくなるでしょう。

手順 2

目ヤニは決して、手でつまんで引っ張り取らないように！　引っ張った際に皮膚にダメージを与える危険性があるからです。ノミ取り用の櫛で、そっと目ヤニの塊を取り除くのがコツです。

手順 3

目ヤニを取り除くだけでは不十分です。また、目ヤニがついていなかった場合でも、水で濡らしたガーゼなどで涙が溜まりやすい部分をそっとぬぐっておきましょう。

ケア 3

耳の入り口と耳道の雑菌の繁殖を防ぐ

耳そうじ

シャンプー同様、耳そうじは頻度が多すぎると皮膚のバリア機能を損ねます。耳にトラブルのない犬は、耳そうじはほとんど必要ありません。けれども、ときどき炎症や耳疥癬（みみかいせん）などがないかをチェックしましょう。汚れていた場合は、ケアをして清潔にしてあげてください。

手順 1

耳の表面をまず、肉眼で見ます。茶色っぽい耳垢がついているようならば、コットンなどでやさしく拭います。イヤークリーナーをコットンにしみ込ませてもよいでしょう。耳の皮膚は擦れば擦るほど、傷が付いて外耳炎になるおそれがあるため、全部の汚れを取ろうと無理をしてはいけません。

手順 2

とくに多湿な季節などは、月に1回くらい、イヤークリーナーを耳に入れてそうじをしてあげましょう。犬は人間と違って耳の内部がL字型になっているので、奥の汚れを通常の耳そうじで落とすことはできません。イヤークリーナーを入れたら、耳の根元を何度か揉みます。その後、犬自身がブルブルと顔を振る勢いで、水分が排出されます。老犬など、自分で顔を十分に振れない犬の場合は、動物病院で耳のケアをしてもらってください。

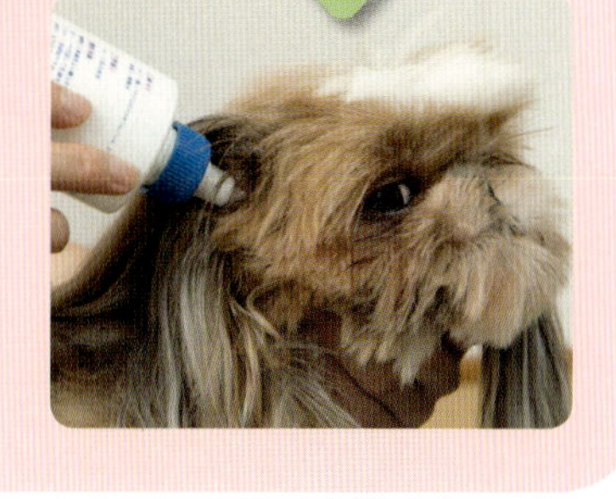

歩きやすくして脚への負担を減らす

ケア4 爪切り

爪が伸びすぎると、歩行が困難になったり、身体のバランスが取りにくくなったりします。歩行や身体のバランスが正常ではないと、関節などを痛めたりする危険性が高まるので注意が必要です。そのような状態を防ぐ意味で、定期的な爪切りが重要なのです。こまめに爪の先端を切る刺激によって、爪内部の血管が伸びにくくなる効果もあります。長時間散歩をする犬では、地面に爪が接触することであまり伸びない場合もありますが、一般的には月に1回は爪切りをしましょう。

手順

犬の爪の中には血管が通っているので、血管を避けて爪切りをします。切り過ぎると出血するので、とくに爪が黒い犬では慎重に行いましょう。まず、犬の肉球を手でしっかり押さえて、指が動かないよう固定します。その後、ギロチンタイプの犬用爪切りか、超小型犬ではハサミタイプの爪切りを使って切ります。狼爪がある犬では、狼爪の切り忘れにも注意しましょう。

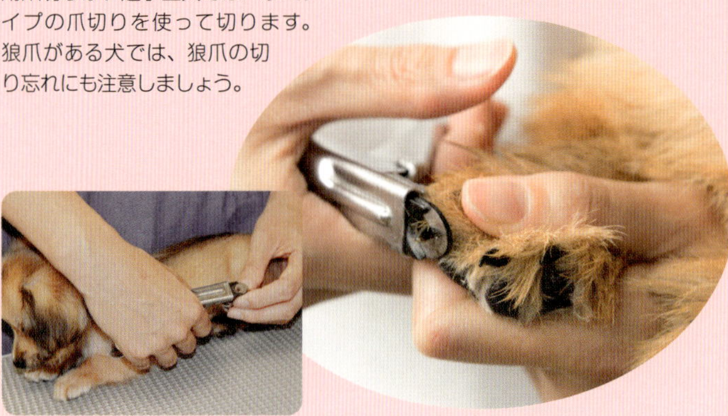

床などで滑らないようにする

ケア5 足裏の毛のカット

足の裏の毛が伸びすぎると、フローリングの床で滑って関節を痛めることもあります。肉球が見えるくらいに、こまめにカットしてあげましょう。

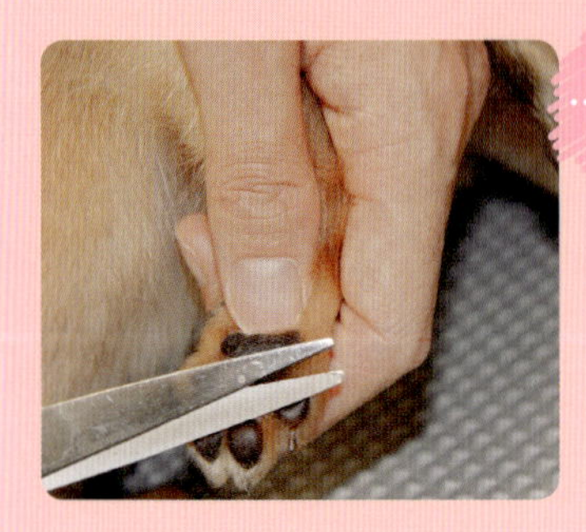

手順

しっかりと足裏を指で押さえて、ハサミで切ります。トリマーなどはバリカンを使用しますが、家庭ではハサミでもかまいません。間違って肉球を傷つけないよう、刃の先端を丸く加工してある人間用の鼻毛切りハサミなどが安全です。

ケア 6

肛門嚢の炎症や破裂を予防する

肛門腺絞り

犬の肛門の左右には、肛門嚢という袋があります。この内部には分泌液が溜まっていて、排便時に少しずつ排出される犬や、あまり溜まらない犬もいます。けれども、溜まった分泌液を定期的に絞り出さないと、肛門腺が炎症を起こしたり、肛門嚢が破裂してしまう犬もいます。愛犬がどのようなタイプか、動物病院やトリミングサロンで確認しておきましょう。トリミングサロンではシャンプーのついでに通常は肛門腺も絞ってくれますが、それより頻回にする必要がある場合は、上の手順で行います。

手順

犬の尻尾を片手で持ちあげ、肛門を時計の文字盤にたとえると、8時と4時の場所に指を置きます。そして、上方にギュッと詰まったものを押し出すイメージで絞ります。悪臭のする分泌物が出てきて、人間の身体にかかることも少なくないため、シャンプーの際に行ってすぐに洗い流すのがよいでしょう。

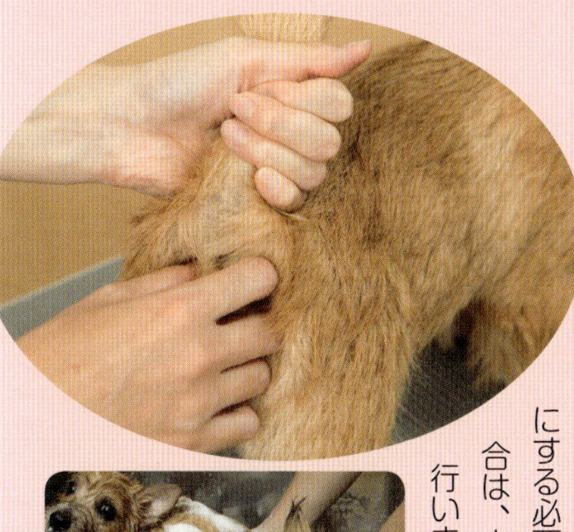

犬に洋服を着せるのは……!?

犬が洋服を着ている姿はかわいいものです。

犬の同伴が可能なカフェや宿泊施設などでは、洋服を着ていることで抜け毛の飛散予防にもなり、マナー向上にも一役買ってくれます。冬には、寒さに弱い犬種や老犬を温めるアイテムとしても重宝します。

けれども、室内でも洋服を着させていると、体温の調節機能が鈍くなってくるので注意が必要です。また、洋服に犬の被毛が接触すると、毛質が悪くなったり、被毛が擦り切れたりすることもあります。環境やシーンで上手に使い分けながら、愛犬の洋服ライフを快適にしてあげましょう。

How to 健康チェック

箱崎 加奈子

病気は早期発見が重要

人間と違って痛みなどを言葉で訴えたり説明したりできないうえ、痛みがあってもなるべく表に出さずに隠そうとする習性がある、犬たち。愛犬の日々の健康管理と、病気の早期発見ができるか否かは、飼い主の手にかかっているのです。

健康チェックで異常が発見されても、早期に動物病院に相談して対処をすれば、病気になる前に状態が改善したり、すでに病気であっても早期発見による早期治療が行えるので、愛犬にも飼い主にも大きな負担がかかりません。

こまめに愛犬の健康状態をチェックしてあげましょう。

グルーミングのついでに健康チェックを！

グルーミングのときこそ、愛犬の身体をよく見て、そして触って健康チェックができる絶好の機会です。獣医師が行っている簡単な健康チェック法もご紹介するので、ぜひ病気の予防と早期発見のために行ってみてください。

見て確認！

耳
たくさんの耳アカや耳ダレなどがないか。ふだんよりも耳が赤くなっていないか。

目
目ヤニや涙がなく、輝きがあるか。

体の表面
寄生虫がいないか。湿疹、脱毛、しこりがないか。

肛門
ただれ、しこり、出血などがないか。寄生虫や寄生虫の卵が付いていないか。

鼻
鼻水や鼻汁がないか。眠っているとき以外は濡れているか。

性器
出血などがないか。メスの場合は、おりものが増えていないか。

口
よだれがたくさん出ていないか。運動後や暑くもないのに、口を開けて苦しそうな呼吸をしていないか。

脚
歩き方が正常かどうか。よく舐めている部位に、トゲが刺さっていたりケガがあったりしないか。

腹
お腹が膨らんでいないか。腹水などが見られないか。

触って確認！

まぶたをめくる

指でまぶたをつまんで、白目の色を見てください。通常は白っぽい色をしていますが、黄疸が見られる、色見がふだんより強いといった変化があれば異常だと考えられます。

口の中を見る

唇をめくり歯茎の色を見てください。犬種により歯茎の色味は多少異なりますが、薄いピンクから赤い色が正常です。もし歯茎が白っぽい場合は、貧血や血圧の下降が疑われます。

背中をつまむ

背中の皮膚をつまんで上へ向かって引っ張ってみてください。手を放して皮膚の状態がすぐに元に戻れば正常ですが、なかなか元に戻らず指のあとが残る場合は脱水症状が疑われます。

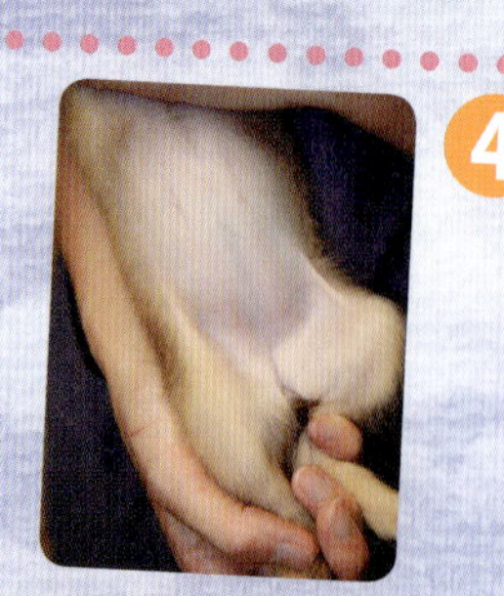

腹部の地肌を見る

仰向けやバンザイの姿勢にして腹部の地肌の色を見てください。犬種により色素の濃淡は多少異なりますが、ふだんより赤みが強かったり、カサカサしている場合は皮膚のトラブルが考えられます。

肥満の予防

CARE（ケア） 5

相澤 まな

食事の管理と生活の工夫で万病のもとである肥満にさせない！

食べさせ過ぎが肥満の原因

犬の肥満の原因は、飼い主の食べさせ過ぎが大多数を占めます。

肥満とは、体の脂肪が多くなり過ぎている状態です。摂取カロリーが消費カロリーを超えると、余分なエネルギーが蓄えられてしまい、肥満につながります。適切な量の食物をとっていれば、基本的には肥満にはなりません。

食事はまず、ライフステージにマッチした総合栄養食を選びましょう。フードのパッケージに記載された量を守っていても、カロリーの高いおやつをあげていては意味がありません。おやつで与えたカロリー分を減らして、食事を与える必要があります。けれども、おやつを食べすぎては、栄養バランスが崩れてしまいます。おやつの与え方を工夫して減らし、総合栄養食であるドッグフードをきちん食べさせましょう。

ダイエットを始める前に

人間同様、犬にとっても肥満は健康状態を悪化させます。肥満が関係する病気も少なくありません。飼い主は、愛犬の病気予防のためにも、肥満にさせないように気をつけましょう。

すでに肥満の場合は、無理な運動や減量により、身体に負担をかけてさらなる問題を引き起こす危険性がありま す。また、病気が原因で犬が肥満になっているケースもなかには見られます。肥満になってしまったら、ダイエットを始める前に獣医師に相談することが大切です。

肥満が招く病気

人間同様、犬にとっても肥満は万病のもと。肥満が関係すると考えられる病気は、ときには命をおびやかす危険性もあるので要注意です。

椎間板ヘルニア

かかりやすい犬種としてはダックスフンドがよく知られていますが、その他の犬種でも注意が必要です。肥満によって椎間板への負担が大きくなると、発症しやすくなる要因のひとつになります。

関節炎

体重の増加によって、関節にかかる負担も増えます。その結果、股関節のトラブルや、関節炎を生じる危険性が高まります。

糖尿病

原因はさまざまですが、内臓脂肪が多くなるような生活習慣は発症の引き金の一因になります。

膝蓋骨脱臼

小型犬に多く発症する病気です。体重が増えることで、後ろ脚にも負荷がかかるため、いわゆる膝のお皿がはずれやすい状態になります。

気管虚脱

短頭種など、生まれつき気管が細い犬種では、脂肪が増えることで気管が圧迫されます。呼吸困難などの症状も出やすくなり、危険です。

心臓病

小型犬は心臓弁膜症の発生リスクが高いため、肥満状態は心臓に負担をかけてしまいます。

肥満予防の工夫

工夫1 食事に時間をかけさせる

食事による満足感や満腹感が高まるのは、食べる愛犬にも与える飼い主にもハッピーなこと。そのためには、時間をかけさせて食べさせるのが秘訣です。さまざまな種類の早食い防止用フードボウルがあるので、愛犬に合ったものを選んで利用すると便利です。あらかじめ決めておいた1回分の食事を、一粒一粒、おすわりなどをさせながら、飼い主がトレーニングを兼ねて手からフードをあげてもよいでしょう。

工夫2 食事回数を増やす

1日の摂取カロリーを小分けにして食べさせることで、肥満の予防になります。人間や犬などの動物は、食事をすると代謝が上がり、体脂肪が燃焼されやすくなるからです。1日に同じ量を与える場合でも、食事の回数を増やせば、1日を通して代謝が高く保てて太りにくい状態に犬を導くことができます。1日2回という飼い主が多いようですが、可能であれば1日4～6回に分けて給餌するのがおすすめです。

工夫3 トレーニングのごほうびを工夫する

トレーニングの際のごほうびとして、犬に高カロリーなおやつをあげているかもしれません。おやつにランクをつけて、とくに強化したい課題を成功したときには犬が喜ぶスペシャルなおやつを与えるのは効果的です。けれども、ふだんのトレーニングでは、その日に与える予定のドライフードの一部を使ったり、成功しても数回おきにおやつを使ったりするとよいでしょう。飼い主のほめる声そのものやなでることが、犬にとって十分ごほうびになるのが理想です。

腹部ヒダが引っ張れれば、肥満ではない!?

腹部ヒダとは、犬の後脚の付け根にある、たるんだ皮の部分のこと。腹部ヒダが触れるかどうかが、肥満かどうかの判断の目安のひとつとなります。肥満の犬では、腹部ヒダがパンパンに張っています。肥満でなければ、腹部ヒダは、飼い主の手で触って少し伸ばすことができるほどに明瞭です。飼い主でも簡単に判断できる方法なので、ぜひ愛犬の腹部ヒダをチェックしてみてください。

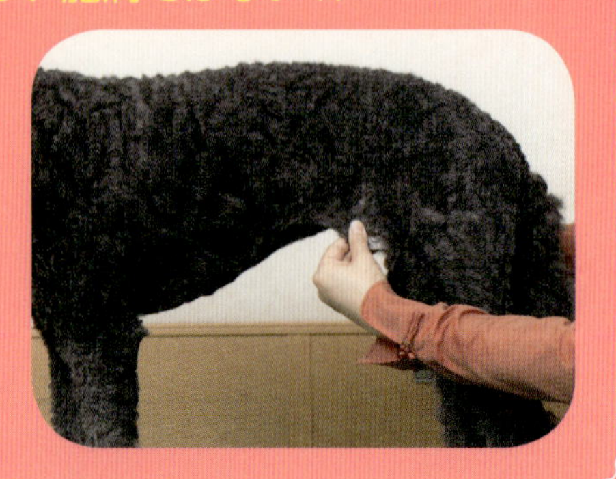

肥満かどうかを常にチェック！

犬の体を触ったり、上からや横から見たりすることで、
犬の肉づきの状態を把握できます。その評価をまとめたのが、
「ボディ・コンディション・スコア（BCS)」で、
BCS 3が理想的な状態です。体重の増減とともに参考にして、
愛犬の健康維持に役立てましょう

ボディ・コンディション・スコア（BSC）

	BCS 1	痩せすぎ 体脂肪率 5%以下	肋骨や腰椎や骨盤の形がはっきりと浮き出ている。触っても容易に骨格がわかり、体脂肪も非常に少ない状態。上から見ると腰のくびれが、横から見ると腹部のつり上がりが顕著。
	BCS 2	やや痩せ 体脂肪率 5～15%	肋骨が少し浮き出て見え、容易に肋骨が触れる。上から見ると腰にくびれがあり、横から見ると腹部が明らかにつり上がっている。
	BCS 3	理想的 体脂肪率 15～25%	薄い皮下脂肪で肋骨が覆われている状態。触ると肋骨が確認できる。上から見た腰のくびれはゆるやかで、横から見ると腹部のつり上がりがわかる。
	BCS 4	やや肥満 体脂肪率 25～35%	厚めの皮下脂肪で覆われている状態で、見た目には肋骨は確認できない。強めに触るとかろうじて肋骨の感触がある。上から見ると、かろうじてくびれがわかり、横から見た腹部のつり上がりはやや見られる。
	BCS 5	肥満 体脂肪率 35%以上	厚い皮下脂肪で覆われている状態で、触っても肋骨はわからない。上から見ても腰のくびれがなく、横から見ると腹部が張り出していて、垂れ下がっている。

コラム

痩せすぎにも要注意！（編集部）

痩せすぎのリスク

肥満にさせないように気遣うあまり、実は愛犬を痩せすぎにさせている飼い主も少なくないようです。「太りやすい犬種だから」、「去勢・避妊手術をすると太りやすくなるから」と、食事の量を必要以上に抑えてしまった結果、いつの間にか愛犬が痩せ気味になっていることも少なくありません。

肥満のリスクのほうが話題にのぼりがちですが、痩せすぎにも危険が潜みます。

まず、痩せていると免疫力が低下するため、感染症などにかかりやすくなります。また痩せすぎは、肝機能の低下を招きます。

子犬の場合は、痩せすぎによって低血糖に陥る危険性が高くなります。低血糖症は、元気がなくなり、重症化するとけいれんが起こり、最悪の場合は死に至ることもあります。

このように、痩せすぎはさまざまな問題を引き起こすのです。愛犬に必要な量の摂取カロリーを満たさせ、標準的な体重と健康的な体型を維持できるようにしてあげましょう。

理想体形・体重にするには

太りすぎや痩せすぎを招く原因は、飼い主の給餌量が適正でないことが考えられます。ドライ・フードのパッケージには、「体重による給与量」が記載されているでしょう。その体重とは、「適正体重」をさします。すでに痩せている「3kg」の犬に「体重3kg」の表示に従った給与量では不足しています。逆に、太り気味の「5kg」の犬に「体重5kg」の給与量では与え過ぎです。

愛犬の体形が理想的かどうかを飼い主が判断するには、ボディ・コンディション・スコア（P53参照）を参考するとよいでしょう。5段階で示されたBCSのうち、理想的なのは真ん中の「3」。肋骨の上にうっすらと脂肪が載っていて、ウエストのくびれがさりげなくわかる状態です。プードルなどの巻き毛の長毛種は一見してわかりにくいため、手で触って判断しましょう。

愛犬が痩せても太ってもいない、理想体重になるように飼い主が管理を！

また、活動量によっても消費カロリーがかなり違ってきます。当然、カロリー消費が少ない場合は、摂取カロリーを減らすように調整が必要です。給与量の表示はあくまでも目安だと受け止め、愛犬の状態を見ながらそのときどきの適量を与えるようにします。

痩せても太ってもいない「BCS3」の理想的な体形をキープできるように、飼い主が食事と運動の量をコントロールすることが大切です。

なお、痩せすぎや肥満の場合は、獣医師と相談しながら、適切な健康管理に取り組むようにしましょう。

第3章

環境づくりと危機管理

■兼島 孝

室内の環境づくり

キッチンにゲートを

犬に危険な食べ物（P92～参照）を床に落として食べられないように、また、コンロのスイッチに脚が届く犬が火をつけないように、キッチンの出入口にはゲートなどをつけると安心です。

椅子はテーブルの下に

椅子を踏み台にしてテーブルに上がり、人間の食事を食べてしまわないように、椅子はつねにテーブルの下に入れておくようにしましょう。

ごみ箱にはふたを

犬の誤飲を防ぐには、ふたつきのごみ箱がおすすめ。ただし、ペダルを踏んでふたを開けるタイプでは、開けられる犬も多いので、絶対に開けられないようなタイプを選びましょう。

遊ぶ場所は滑らないように

フローリングの床で動き回ると、犬の関節などに負担がかかります。犬が遊ぶスペースにはカーペットやフロアマットを敷いてください。

犬に安全な部屋にしよう!

飼い主が気をつけなければ、
室内でも愛犬を病気やケガの危険にさらすことに。
イラストを参考に、心身ともにストレスのかからない、
安全な環境を整備してあげましょう。

入られて困る場所にはゲートを

犬の爪で畳が荒れてしまう恐れがある和室や、足腰に負担のかかる階段など、入られて困るような場所はペット用などの簡易ゲートを設置しておけば、心配なく過ごせます。

エアコンの使い方に注意

熱中症予防のために、夏は留守番時にも25～28度の設定でエアコンをつけておきます。動くものに反応する省エネセンサーは、小型犬には反応しないことがあるので、要注意。サークルで留守番させているときは、犬に直接エアコンの風があたらないようにしましょう。

サークルは窓から離す

サークルの設置場所は、窓から離したほうが犬は落ち着きます。夏場は、直射日光があたらない位置に置きましょう。ひとりで長時間入れる際には、新鮮な飲み水を入れておくことも忘れずに。

（※このイラストでは手前の面が窓になります）

犬が中毒を起こさない植物を

犬が口にすると危険な植物（P95～参照）は少なくありません。観葉植物を置くならば、犬に安全なものを選びましょう。

トイレは寝床から離す

犬には寝床を汚したくないという習性があります。寝床から離れた場所にトイレを設置すると、犬もストレスなく室内で排泄できるケースが多いでしょう。ただし、就寝時や留守番時など、愛犬を長時間サークルに入れっぱなしにするときは、サークルの中にもトイレを置いておいてください。

Dr. 兼島が診察

室内飼育でのケガ・病気の事例 ①

誤飲をして手術に！

犬があされないような
ごみ箱を置きましょう

ブドウは犬が食中毒を起こす食べ物なので、テーブルの上に置いて椅子を引いたまま席を離れたりしないように

室内には、犬には危険なものがたくさんあります。犬が食べると中毒を起こす食べ物を、飼い主が少し席をはずした隙に、椅子からテーブルに飛び乗って盗み食いをすることがあります。中毒を起こさないものでも、消化できないものや、腸閉塞を起こす危険性のあるものがあるので要注意。誤飲による犬の手術では、トウモロコシの芯、桃の種、マンゴーの種、おもちゃなどを取り出しました。

▼

- ごみ箱はふたつきのものなどにして、犬があさらないようにしましょう。
- テーブルに上らないように、椅子の扱いに注意しましょう。
- 床や低いテーブルに、かばんを置きっぱなしにしないように注意してください。

「誤飲で手術
なんて、
イヤだよぉ～」

Dr. 兼島が診察

室内飼育でのケガ・病気の事例 ❷

エアコンのセンサーに反応せず冷房が切れて**熱中症**に！

近ごろは、いわゆる「人感センサー」と呼ばれるような、人の動きなどを感知して省エネ運転になるエアコン機能を使う飼い主も増えているようです。けれども、夏場の留守番中に、このセンサーが反応しなかったせいで冷房が切れてしまい、熱中症になる犬も少なくありません。

- 夏場に犬を室内に置いて外出する際は、エアコンを冷房モードでつけっぱなしにしましょう。とくに熱中症のリスクが高い短頭種では、ほかの犬種より設定温度の低い26度くらいが適切です。
- 冷房にくわえて、たっぷりの飲み水と、安全な冷却グッズを置いておきましょう。

Dr. 兼島が診察

室内飼育でのケガ・病気の事例 ❸

こたつに感電して**皮膚欠損**に！

電気コードを犬がかじらないように気をつけている飼い主も少なくないでしょう。けれども、コードの処理がむずかしいのが、こたつです。こたつのコードを噛んで唇の皮膚を欠損した犬を診察したことがあります。

- コードを噛むことに興味を示す犬や子犬のうちは、犬のいる場所ではこたつを使用しないようにするのが安心です。
- 可能であれば、こたつのコードを犬が噛めないように工夫をしましょう。

Dr. 兼島が診察

室内飼育でのケガ・病気の事例 ❹

多頭飼育の場合、ソファを下りるときにほかの犬と接触して脚を痛める危険性も

ソファから飛び下りて**脱臼**！

ソファやいすから飛び下りた際、脱臼や骨折をした犬を何頭も診てきました。ふだんは問題なくソファから下りている犬でも、ソファの下に物があったり別の犬がいたりして、それを避けようとバランスを崩して無理な姿勢での着地になることも珍しくありません。そもそも、高所から下りることは犬の足腰に負担をかけて膝蓋骨脱臼などの病気のリスクを高めます。

- 日ごろから、ソファに上らないようにしておくのがベストです。
- ソファの下には座布団やマットを敷くなど、万が一のために備えておきましょう。

Dr. 兼島が診察

室内飼育でのケガ・病気の事例 ❺

階段から転落して**骨折**！

階段の幅や高さは、人が使いやすいように設定されています。犬にとっては、階段の上り下りは不自然な体の使い方を強いられます。誤って転落し、骨折する犬もいます。また、人に抱っこされた状態から落下して、骨折する犬も少なくありません。

- なるべく犬が階段を使わないですむような生活環境を整えます。犬の行動範囲内に階段があるようならば、ペット用ゲートなどを設置して階段に入れないようにしましょう。
- 飼い主は落とさないように正しい方法で抱き（P10 ～参照）、愛犬を抱かれることに慣らしておいてください。

犬の目線から見た身近な危険②（編集部）

日常生活で犬に迫る身近な危険を、犬の目線から見てみましょう。

食べては危険な植物＆誤飲の恐れがあるもの

「これは、カラーっていう植物だよね。私たち犬に危険な植物（Ｐ95〜参照）だけど、飼い主は知らずにローテーブルの上に置いているのかな？　テーブルの上には、この間は歯間ブラシがあったけど、これも誤飲したら針金が胃を傷つける危険なものだね」

人間の歩幅に合わせて作られている階段

「世の中の階段って、そもそも人間の歩幅に合う幅に設定されているらしいよ。どうりで、上り下りがしにくいわけだ。とくに下りるときは、へんな前傾姿勢にならないといけないし、脚や腰にけっこう負荷がかかるんだよね。太っているときは、上りも息苦しくなって大変！」

犬の身体の何倍もの高さがある抱っこ

「抱っこされているときの高さ、飼い主は想像したことがあるかな？　犬の身体の何倍も高い、この腕の中から落ちたら、確かに骨折しそうでしょ？　ボクたちにとって、たぶん抱っこが一番の高所だけど、テーブルやソファからだって、下りるときには脚に負担がかかるんだよ」

屋外飼育の環境づくり

雨風を避けられる犬小屋

小さな犬小屋では、激しい風雨からは犬を守ることができません。完全に風雨を避けられるスペースと、風通しのよい2つのタイプのスペースがついた犬小屋がベスト。可能な限り、ガレージや屋根の下に犬小屋を置き、雨風を2重にブロックできるようにしましょう。

小屋内部の保温を

寒さが厳しい地域では、犬小屋の中で犬が温かく過ごせるようにしてあげてください。かまくらのような形のドッグベッドや、大きめの毛布などを入れておきます。

日陰を作る

夏場に直射日光のもとに犬がさらされると、熱中症になるリスクが高まります。夏は、犬が過ごす場所はなるべく日光を遮れるように工夫しましょう。

新鮮な水を用意

水が十分に飲めないと犬が脱水症状になり、生命にも危険がおよびます。常に新鮮な水が飲めるようにしておいてください。鎖（リード）でつながれっぱなしの犬が、鎖に引っかけて水の容器を倒して水がなくなる例も多数ありますので要注意。夏場は直射日光のあたらない場所に、倒す危険性も考えて、2つ以上は水の容器を用意しておきましょう。

安全な屋外スペースを整えよう！

風雨、寒暖差、夏場の直射日光、虫、ほかの人など、
室内では気をつけなくてもよい危険から、
屋外飼育では犬を守ってあげなければなりません。
屋外では、犬が快適に過ごせる環境づくりを心がけましょう。

OK!

害虫対策を万全に

屋外では、犬に害のある昆虫に寄生されたり刺されたりする可能性が増します。ノミやダニの予防薬を犬にきちんと投与しておくほか、犬に害のない虫よけグッズやアロマ（P126～参照）を活用して、可能な限り虫よけを行いましょう。夜は犬小屋の扉を閉めて犬を寝かせる場合、網戸がついているタイプの犬小屋を選ぶのもおすすめです。

庭の一区画を囲う

庭すべてを犬に開放すると、知らないうちに通りがかりの人に食べ物をもらったり、中毒の危険性がある植物を庭で犬が口にしたりする恐れもあります。ほかの人の手が犬に届かない位置で、なるべく庭木や草花が生えていない場所を犬のために囲えば安心です。

Dr. 兼島が診察

屋外飼育でのケガ・病気の事例 1

鼻の皮膚はやけどに注意

鼻の皮膚が**皮膚炎**に！

予防法

夏の強い日射しにさらされると、被毛に覆われていない犬の鼻の皮膚はただれたり皮膚炎になります。口周りが赤くただれる「日光過敏症」の状態で受診した、屋外飼育の犬がいました。

●屋外飼育で犬小屋の外にいるのを好む犬や、強い日射しの中で長時間外出する犬で日光過敏症の可能性のある犬は、ＳＰＦ20以上の人間用の日焼け止めクリームを鼻と口周りに塗っておきましょう。
●朝や夕方の傾いた日の光が、犬小屋に入ることも考慮して、犬小屋の設置場所に注意しましょう。

Dr. 兼島が診察

屋外飼育でのケガ・病気の事例 2

飲み水を倒さない＆切らさない対策を

水をこぼして**熱中症**に！

予防法

犬が、つながれていた鎖（リード）でひっかけて、器を倒して水をこぼすことが少なくありません。長時間にわたって水が飲めずに脱水症状になり、熱中症で病院に運ばれてきた犬もいます。

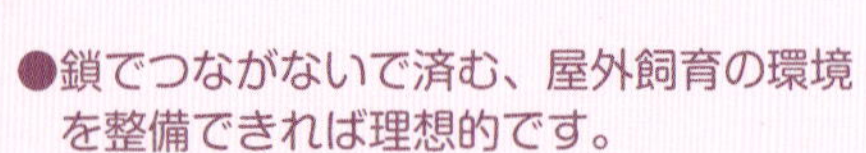

●鎖でつながないで済む、屋外飼育の環境を整備できれば理想的です。
●犬小屋の側面にくっつけられるオアシスタイプの給水器にしたり、ボウルの場合は倒されたときの予備として複数用意するなどしましょう。

Dr. 兼島が診察

屋外飼育でのケガ・病気の事例 ③

犬に危険な植物
には要注意

庭の草木で中毒症状に！

　中毒症状で病院にかけつけた犬がいました。自由に動ける場所に、犬が中毒を起こす植物があって口にしてしまったためです。最悪のケースでは死亡する危険性もあるので、植物には要注意です。

予防法

- 犬が中毒を起こす植物（P95～参照）を知り、庭木としてはそれらを植えるのを避けるようにしましょう。
- すでに犬が中毒を起こす可能性のある植物が庭にあって取り除けないならば、犬が近づけないように工夫しましょう。

どの犬もできれば室内で飼いましょう

　犬は群れで生活する、社会性のある動物です。ほとんどの犬種で、ひとりで過ごすさびしさが精神的なストレスにつながります。
　また、犬の平均寿命が延びてきている要因のひとつは、室内飼育の犬が増えたからだと考えられています。寒暖差などが激しく室内よりも過酷な環境の屋外で過ごすことは、体力を消耗します。
　犬の幸せのためには、犬の大きさや犬種にかかわらず、できるだけ、飼い主のぬくもりを感じられる室内で一緒に過ごしてあげたいものです。

準備
PREPARING 3

犬連れ外出・旅行の注意点

愛犬を連れて遠出や旅行をする際は、ふだんとは違う点にも注意しなければなりません。

まず、出かける前は必ず、旅先はどのような感染症にかかるリスクがある地域かを調べ、前もって予防薬の投与やワクチン接種を行ったり、対応策を講じておきます。夏期は熱中症対策（P82〜参照）も重要になります。

次に、旅先で必要になるかもしれない持ち物をそろえること。

また、しつけがきちんとできているかも見直す必要があります。トイレのしつけ、クレートで安心して休めること、過剰な吠えといったほかの人の迷惑になるような行為をしないことなど、愛犬に不足な部分があればトレーニングしてから、旅行に同伴させるようにしましょう。

愛犬がもし、ふだんとは違う場所での生活がストレスになりそうならば、犬連れ旅行をあきらめる判断も必要かもしれません。

旅先に持っていきたいグッズ

必ず使用するグッズではありませんが、
旅先で必要になるかもしれないもの、
あれば便利で安心なものをリストアップします。

●ワクチン証明書
宿泊先や犬が同伴可能な場所で提示を求められたり、旅先で動物病院を受診する際に必要になることがあります。ペット保険に加入していて保険証がある場合も、持参するとよいでしょう。

●ブラシ、櫛
海で泳いで砂がついたり、山や森で草の種が被毛についたり、自然豊富な旅先で汚れがちな愛犬の毛を整えるのに便利です。

●洋服
犬連れＯＫの場所での、愛犬の抜け毛の飛散を防いだり、急な風雨などから体が濡れるのを防いだり、寄生虫を予防したりと、洋服の着用が役立つシーンがあります。

●虫よけスプレーなど
虫がいるシーズンならば、虫が嫌がる天然のアロマオイル（Ｐ128参照）が配合されているなど、犬に害のない虫よけスプレーを持参すると安心です。

●迷子札
首輪には鑑札がついているかと思いますが、飼い主の連絡先がすぐにわかる迷子札も、万が一に備えて一緒につけておいてもよいでしょう。また、迷子対策には、首輪がとれたときのことを考え、マイクロチップ（Ｐ70参照）を装着しておくことをおすすめします。

●その他
Ｐ29の散歩の必携品リストに記載されているグッズも忘れずに。

水の事故を防ぎましょう

泳げない犬はいないと思っている人も多いかもしれませんが、水が苦手な犬や、何度か練習しないと泳げない犬も少なくありません。人間でも、流れのある川や海では、プールのようにスムーズには泳げないもの。海や川で泳がせる予定があるならば、犬用のプールで練習をしたのち、犬用のライフジャケットを旅先では装着させるなどして、水での事故を防ぐようにしましょう。

旅先での感染症を予防!

一部の地域ではマダニが原因の感染症SFTSによる死者も

マダニに寄生されないように

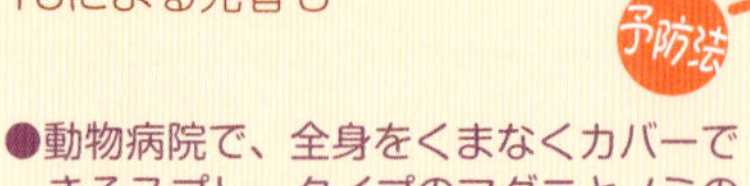

マダニが媒介する感染症に、犬も人間も注意が必要です。(P91参照)

とくに人間では、ＳＦＴＳ（重症熱性血小板減少症候群）による死者も出ています。マダニは全国に広く分布して、森林や草地などに潜んでいます。飼い主も、長袖などを着用してマダニに咬まれないように注意しましょう。

予防法

- 動物病院で、全身をくまなくカバーできるスプレータイプのマダニとノミの駆虫薬を、予防のために投与してもらう。
- 屋外で過ごしたあとは、犬の体表をよく見てマダニがついていないかをチェック。万が一見つけたら、そのままの状態で最寄りの動物病院へ。飼い主が引っ張って取ってはいけません。

ドブネズミが感染源となり、一部の地域で発生例がある

レプトスピラ感染症に注意

人獣共通感染症（P87参照）のひとつ。ドブネズミが菌を持ってレプトスピラ感染症の発生源になっています。沖縄県、宮崎県、山梨県、新潟県、千葉県などでの発生例が報告されているほか、ある調査によれば、東京のドブネズミは高率でレプトスピラ菌に感染していることがわかっています。水中で長く生き続ける菌で、皮膚に菌が触れただけで感染することもあります。

予防法

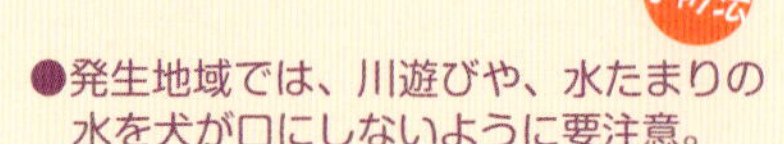

- 発生地域では、川遊びや、水たまりの水を犬が口にしないように要注意。
- 出発前、ワクチンによる予防接種を受けておくかどうかを、かかりつけの獣医師と相談して決めましょう。

北海道のキタキツネが媒介する、寄生虫が原因の人獣共通感染症

エキノコックス感染症に注意

北海道のキタキツネ、ネズミ、犬など、エキノコックスという寄生虫に感染された動物の糞から経口感染する感染症（P87参照）です。ある調査では、北海道にいる犬のうち１％はエキノコックスに感染したことがあると報告がありました。人間に感染した場合は、放置すると死に至る危険性もあるため、愛犬が感染しないように気をつけましょう。埼玉県や愛知県でもエキノコックスに感染した犬が発見されているため、いまや北海道だけが要注意地域ではなくなっています。

- 発生地域（とくに北海道）では、愛犬が知らない間に野生動物と接触しないように注意しましょう。
- 旅先で、ネズミなどを捕えて遊んでいるうちに食べてしまわないように、ロングリード装着時でも飼い主の目の届く範囲に愛犬を置いておいてください。

Dr. 兼島が診察　旅先でのケガ・病気の事例 1

マダニが寄生！

愛犬と手軽なハイキングを楽しんだあと、愛犬にマダニとノミが寄生していることがわかって来院するケースが珍しくありません。スポットタイプの予防薬をつけていたので安心していたようですが、その予防薬は動物病院が処方するタイプではなかったことが問題点のひとつです。また、ある事例ではマダニが寄生していたのが足先であったため、もしかすると薬効がそこまで及んでいなかった可能性もあります。

- 予防（駆虫）薬は、獣医師によって処方されるタイプの製品を使用しましょう。
- スポットタイプの予防薬では、足先など、場合によっては薬効が及ばないことがあるので、旅行前にはスプレータイプの予防薬を獣医師との相談のうえ処方してもらえば安心です。

Dr. 兼島が診察　旅先でのケガ・病気の事例 2

交通事故で骨折など！

交通事故に遭う犬のうち、それが旅先であることも少なくありません。ふだんとは違う慣れない環境であることに加えて、飼い主も犬も楽しく少々興奮した気持ちでいて、つい油断をしてしまうのかもしれません。骨折の場合は治療すればよくなる可能性もありますが、内臓にダメージを負ったり、即死する危険性もある交通事故は、気をつけていれば避けられます。

- 旅先では、サービスエリアなども含めて、飼い主がしっかりとリードを握り、交通量の多い狭い道などではリードを短めに持ちましょう。
- 新しい首輪やハーネスを旅先で使用する予定があるならば、犬の体から抜けないようにサイズ調整ができているかを、出発前にきちんと確認しておいてください。旅先に限り、ハーネスと首輪のダブルリードにしてもよいでしょう。

コラム

迷子対策につけておきたい マイクロチップについて

（編集部）

マイクロチップのメリット

マイクロチップとは、直径2㎜、長さ10㎜前後の小さな円筒形の電子標識器具です。それぞれのチップには、世界で唯一の15桁の数字が記録されており、この番号を専用のリーダーで読み取れる仕組みです。リーダーから発信される電波を使うので、マイクロチップには電池が不要で、半永久的に使用できます。

欧州や豪州やアジアなど、ほとんどがＩＳＯ（国際標準化機構）規格のマイクロチップを採用しています。国や州などの法律で、マイクロチップの装着を義務化する国も増えています。日本でも環境省がマイクロチップの装着を推奨しています。

現在の日本では、海外から日本に犬を持ち込む際の動物検疫を受けるために、マイクロチップでの個体識別が必要です。また、海外に愛犬を連れて行くときにもマイクロチップの埋め込みが欠かせません。

マイクロチップのメリットは、なんといっても、迷子になった愛犬が飼い主のもとへ戻る確率が上がることです。電話番号などを記した迷子札を首輪に付けていても、首輪をはずしているときに災害に遭い迷子にならないとも限りません。たとえ迷子札がなくても、マイクロチップは体内に埋め込んであり、全国の動物愛護センターや保健所、一部の動物病院にあるリーダーで個体識別番号を読み取り、登録情報を（社）日本獣医師会に照会することで飼い主を特定できるので安心です。

マイクロチップ（写真左）の外側は生体適合ガラスで覆われていて、内部はＩＣ、コンデンサ、電極コイルからなります

装着方法

体内に埋め込むので獣医療行為にあたり、必ず獣医師が行います。通常、首と背中の間あたりの皮膚の下に専用の注射器で挿入します。通常は麻酔なしで入れるため、やや太めの針をさす瞬間はもちろん痛みがありますが、後々まで痛みが残ることはありません。また、埋め込んだあとに、外部からの刺激によって破損や故障するといった事例もこれまでのところ報告されていません。そもそもマイクロチップの成分は身体の組織が反応して固めてしまうため、動かなくなります。なので、万が一ひびが入って割れたとしても体内で固まってしまい、問題にはならないといわれています。

登録方法と料金

２０１５年1月現在は、マイクロチップの装着に助成金を出す自治体もありますが、通常は装着料を動物病院に支払います。装着した際に獣医師から手渡される用紙に、「飼い主情報」（氏名、フリガナ、住所、電話番号、その他の緊急連絡先、ＦＡＸ番号、Ｅメールアドレス）と「動物情報」（名前、生年月日、性別、動物種、犬の種類と毛色）を登録します。データ登録料は１０００円で、マイクロチップの代金に含まれている場合と、登録手続きの際に支払う場合があり、マイクロチップ販売メーカーや地域によって異なるので、助成の有無なども含めて動物病院で確認してください。

第4章

ストレスを軽減する接し方・しつけ方

■加隈 良枝

トレーニング
TRAINING 1

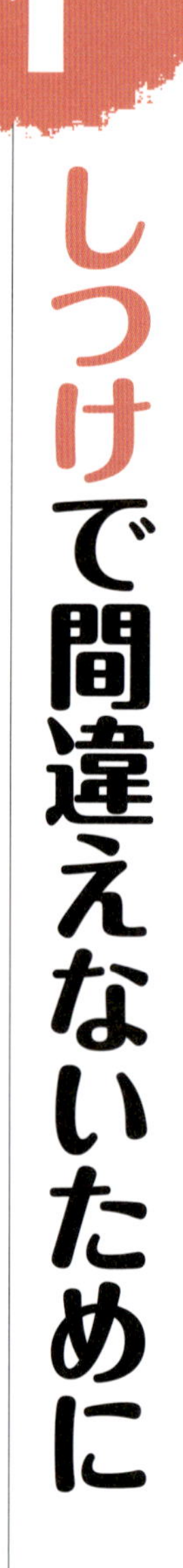

しつけで間違えないために

OK!

飼い主との信頼関係を築くことが大切

精神的なストレスが心身によい影響を与えないことは、人も犬も同じです。けれども、犬にとってのストレスがどのようなものかを知らないと、気づかぬうちに愛犬にストレスのかかる暮らしをさせてしまうかもしれません。

まず、犬は群れでいることを好む動物ですが、人が犬の上位に立つために勝つ必要はありません。強いボスではなく、信頼できるリーダーでいてくれるのを、愛犬は飼い主に望んでいるのです。飼い主との信頼関係を築ければ、犬は飼い主が望む行動を考え、先回りしてくれるでしょう。それこそ、人も犬もストレスのない理想的な暮らしです。

ところが、犬が自分の要求を通そうとして、「吠える」、「攻撃的になる」、「散歩で引っ張る」などの行動をするようになると問題です。問題となる行動の抑制のためにも、犬には「がまん」することや、合図によって飼い主が望む行動をするように、早いうちから覚えさせましょう。これが、「しつけ」です。

もしも接し方やしつけの方法を間違えると、愛犬にも飼い主にもストレスがかかります。良好な信頼関係づくりに努めましょう。

犬にとってのストレスとは?

孤独である

犬は社会性のある動物です。同じ群れの仲間である家族と過ごすのが何よりの幸せ。大型犬だからとか多頭飼育だからといって、屋外飼育で、食事と散歩のとき以外は交流がないようでは寂しさからストレスを抱く場合が多いでしょう。できれば、どんな犬でも室内で家族の存在を感じられる生活をさせてあげましょう。かといって、ずっとベッタリ一緒では、飼い主と離れたときに不安を感じてストレスになります。独りでいる状況にも慣らしておきましょう。

(⬇解決法:P78参照)

刺激が少なく退屈である

犬はもともと、人の仕事のパートナーとして活躍してきた動物です。犬種によって、猟のサポート役、家畜のまとめ役、農作物を荒らす害獣の駆除役など、仕事を行っていました。そんな犬たちが今では刺激のない室内で、仕事もなく1日過ごしているのはストレスになります。

(⬇解決法:P76参照)

刺激がありすぎて疲れるor怖い

犬もリラックスして過ごしたいものです。けれども、多様なものに慣れる経験を積まなかったことなどにより、怖いものが多くあったり、ちょっとした刺激に過敏に反応して逆に心身ともに疲れてしまったりすると、日々の暮らしがストレスの多いものになってしまいます。

(⬇解決法:P79参照)

飼い主が苦痛を与える

現在は、犬が飼い主よりも上位に立とうとして問題のある行動に出るとされる「権勢症候群」や「アルファ症候群」というような理論は否定されつつあります。犬が飼い主の要求に対して反抗的な態度を取るのは、犬も自分の要求を犬なりに主張しているからに過ぎません。いうことを聞かないからといって、犬に体罰や苦痛を与えてはストレスになり、信頼関係を壊してしまいます。

(⬇解決法:P75参照)

知っておきたい 犬のストレスサイン

犬がストレスを感じているときに、よく見られる行動があります。次のような行動を見つけたら、その原因を取り除いたり、原因となる対象に慣らして不安感を軽減させるようにしましょう。（なかには病気のサインもあるので、継続してみられる場合は獣医師に相談してください。）

吠える

運動欲求や作業欲求などが満たされず、エネルギーが有り余っているときに吠えたり、刺激物への恐怖心などから吠えたりします。不安感から吠えるケースも見られます。

足先を舐める

退屈なときに犬が取る行動のひとつ。前足の先が多いですが、ほかの部位でも、毛が抜けるまで舐め続けることもあります。

身体をブルブル振る

緊張しているときに見られる行動。ほかの犬が苦手なのにドッグランに連れて来られたときなどに、身体を何度も振っている場合も少なくありません。

尾を追う

尻尾を追いかけてグルグル回る行動なども、退屈が原因で現われる行動のひとつ。異常な頻度や持続時間で繰り返し起こる場合は「常同障害」と呼ばれて、専門家の治療を要する場合もあります。

あくびをする、後ろ足で身体をかく

したくないことをしなければならないとき、いたくない場所にいないければならないなど、緊張を強いられているときや、葛藤があるとき見られます。緊張をほぐし、リラックスを促す効果があるようです。

地面のにおいを嗅ぎ続ける

緊張から来るストレス行動のひとつ。外出先やドッグランなどで気持ちが落ち着かずに、ずっとにおいを嗅ぎ続けることもあります。

「がまん」できる愛犬を育てる 基本のしつけ

しつけの意義は「がまん」を覚えさせること。がまんができない犬に、行動の問題が現われて飼い主も困るケースが多いのです。次の4つが最低限できれば、犬が精神的に安定して自制心も養われます。飼い主との良好な関係づくりにも役立つ基本のしつけを、「食べ物を見せなくても」「いつでも」「どこでも」できるようにしておきましょう。

❶ お座り

緊張とリラックスが、ほどよく混ざりあった状態のときにとりやすい姿勢です。飼い主の合図でお座りをすることは、犬の興奮を抑える効果もあります。

❷ 伏せ

お座りよりも、さらに落ち着いていられる姿勢です。長時間じっと静かにするときなどは、伏せをさせるようにします。興奮しやすい犬には、お座りよりも伏せを多用するとよいでしょう。

❸ 待て

待つことは、要求をがまんすることでもあります。待ての練習を重ねれば、犬が自分で考えて「吠え」や「興奮」を抑えられるようにもなります。危険防止やあらゆるシーンで応用できるしつけです。

❹ おいで

信頼できるリーダーである飼い主から呼ばれれば、犬はうれしいもの。呼び戻しがしっかりできれば、犬との外出も安心です。必ず来るように、呼んだあとに犬の嫌がることをするのは控えましょう。

体罰はNG！

飼い主の要求を聞かなかったからといって、体罰を犬に与えるのは厳禁です。痛みや恐怖をもたらす飼い主に犬が不信感を抱き、危険な対象だと覚えてしまうからです。叩かれてしつけられた犬は、人の手に対する恐怖心から、手が近づくと攻撃行動に出るようになるケースもあります。

しつけでは、体罰のかわりに、「消極的な罰」とも呼ばれる「無視」を用いましょう。犬がよくない行動をとる→無視をされる→犬の望みが叶わない→よくない行動をやめる、というプロセスを導くことができます。

トレーニング
TRAINING 2

生活の工夫でストレス軽減

方法1 頭を使わせる

現在いる犬種のほとんどは、人間の仕事のパートナーとして作出されました。元来、頭を使うことや運動に対する高い欲求を犬たちは持っているのです。ところが、どの犬種も愛玩犬として室内で飼育されるようになってからは失業状態になったといえます。作業意欲が満たされないままストレスを感じている犬も、少なくありません。退屈であることが原因のストレスを取り除くために、自宅でもトレーニングを行ったり、知育玩具を活用したりして、頭脳を刺激するように心がけましょう。

作業意欲を満たす方法

❶ 鼻を使う遊びをする

おやつを室内のあちこちに隠して、それを「探せ！」の合図で犬に嗅覚を使わせて探させる。

❷ トレーニングをする

犬が成功したらごほうびをあげるようなトレーニング方法で、犬も飼い主も楽しいひとときを過ごそう。

❸ 知育玩具で遊ばせる

多種多様な知育玩具があるので、いくつかそろえておくのがおすすめ。留守番時などにも活用できる。

方法2 クレート&独りに慣らす

犬は、独りでいることが苦手な動物。けれども、ずっと家族と一緒にいることはむずかしいといえます。日ごろから、意識的にサークルやクレートの中で1日数時間は過ごさせて、独りでいてもストレスを感じないように慣らしてあげましょう。

もともと野生時代の犬は、穴倉で生まれ育ち、そこを寝床にしてきました。すっぽりと頭上や側面が覆われた空間にいると安心する習性があります。その意味では、クレートは犬が安心できる場所として最適です。サークルであれば、冬場は上から毛布などをかけて穴倉のような雰囲気づくりをしてあげてもよいでしょう。

独りの状況に慣れているメリット

- ●留守番時などに生じる「分離不安症」などの行動疾患を予防できる。
- ●クレートに安心して入っていられるようになれば、トリミングサロン、ペットホテル、入院時などにストレスが軽減される。
- ●クレートごと持って外出できるので、ドライブ時や旅行先なども便利。
- ●被災時の避難所生活においても、独りやクレートで過ごすことに慣れていれば、ストレスや不安感から体調を崩すリスクが軽減される。

クレートに慣らす方法

ステップ❶

クレートを、ソファの横など飼い主の気配が感じられる場所に設置。まずは扉を開けたままにして、中におやつなどを入れておき、犬が自発的に入るようにする。

ステップ❷

自分から入ってくつろぐようになったら、扉を閉める。内部には知育玩具や長く噛めるおやつなどを入れて、「クレートの中では楽しいことがある」と犬に認識させる。

方法3 合図で排泄させる

1日に1～3回ほど、屋外でしか排泄ができないというのは、犬にとっても、悪天候や体調不良でも外に連れて出る飼い主にとっても、ストレスフリーな状況とはいえません。犬が排尿を我慢しすぎると、膀胱炎や尿路結石の原因になる場合もあります。老犬になって身体が衰えてくる日に備えるためにも、成犬になってからでも遅くはないので、室内で合図によって排泄ができるようにするのが理想的です。犬は寝床付近を清潔に保ちたいという習性があるため、室内のトイレは寝床とは離れた落ち着ける場所に設置するとよいでしょう。

合図で排泄できるメリット

- 留守番やドライブの前などに排泄させることができる。
- 犬連れ旅行の宿泊先などでも、トイレの誘導がしやすい。
- 散歩中の排泄のコントロールが可能。マナー面や衛生面から考えて、排泄してもよいと考えられる場所で合図をかけて排泄させることができる。
- 尿路結石症になりやすいなど、比較的頻繁に排尿をしたほうがよいと獣医師からアドバイスされている犬の排泄を促せる。

合図での排泄を覚えさせる方法

ステップ1

飲んだり食べたりしたあとや、遊んでいる最中に地面のにおいを嗅ぐ、寝て起きたあとなど、排泄のタイミングを見計らってトイレに誘導。床のにおいを嗅いだり、ぐるぐる回る行動がみられることが多い。

ステップ2

犬が排泄をし始めてから終わるまで、バックミュージックのようにさりげなく「ワンツー、ワンツー」などの合図をなる言葉をかけ続け、トイレから出てきたらほめてごほうびをあげる。排泄行動と合図の言葉を、犬が関連付けて学習したら、合図の言葉がけで犬が自らトイレに行ったり、敷いたシーツの上に排泄をするようになる。

方法4 多様な刺激に早期から慣らす

何かの対象物を「怖い」「嫌だ」と感じることは、ストレスになります。犬にそのような対象物が多くならないように、できれば何事にも慣れやすい子犬の社会化期に多種多様な事物に慣らしておいてあげましょう。成犬になってからでも、根気よく少しずつ行えば慣らすことは可能です。特定の事物に対するネガティブな状態から、慣れるというニュートラルな状態になったら、最終的には「それが好き」「それがあると楽しいことが起こる」と、犬がうれしくなるポジティブな状態まで持って行き、ストレスの少ない楽しい生活が送れるようにしましょう。

慣らしておきたいもの

子供やサングラスをした人や杖をついた人などさまざまなタイプの人間、来客や宅配便の配達員、自動車や必要によっては電車に乗ること、猫やハトなどの動物、ほかの犬、工事現場や踏切などの大きな音がする場所、チャイムや掃除機などの生活音、バイクや救急車などの散歩で見かける乗り物など。

慣らす方法

犬が怖がったり、吠えるなどの反応を示す事物があるときには、その対象が遠くにあるなど、刺激の弱い状況で、まず反応をみます。犬があまり反応していなければ、すかさずおやつやおもちゃといった犬の好きなものを与えるようにして、嫌な印象を消しながら徐々に刺激に慣らしていく方法が一般的です。成犬の場合やこわがりな犬の場合は、注意深く時間をかけてください。もし、あまりに吠えがひどかったり、慣れずに困る場合は専門家に相談して解決の道を探るのもおすすめです。「何に、なぜ、そのような過剰反応をするのか」というのは、その犬によって原因が異なるものです。対策もまた、その犬の性格や環境などによっても変わってくるからです。

コラム

子犬の社会化の重要性

（加隈良枝）

犬の一生のうちのごく初期にあたる、生後3週から12週ごろの時期は「社会化期」と呼ばれ、その重要性がいくつもの研究により示されてきました。この時期に、適切にさまざまな刺激に接し、社会との関わり方を子犬が学習する機会をもたないと、成犬になってから極度な怖がりになったり、恐怖に起因する攻撃性や吠えなどの問題行動が発達したりしやすいことが示唆されています。

なぜこの時期が重要かというと、目も耳もまだ開いていない状態で生まれ、誕生後も脳を含む身体の成長が続くという犬の特徴が関係あります。犬は晩成性の動物といわれ、妊娠期間が2カ月というスピード出産なので、未熟な状態で生まれてきます。生まれてすぐの子犬は、親の世話なしには生きていくことができませんが、温かく柔らかい母犬の触感とにおいを頼りに過ごします。生後3週ほどになり目や耳が開くと、新たに周囲の音や光など、たくさんの刺激がシャワーのように降り注ぎます。そのとき、犬の神経系の発達において恐怖が弱まり好奇心が旺盛になるため、刺激にさらされても、どんどん学習していくことができるのです。

実際には、この3〜12週齢というのは平均的な範囲を示すものであり、学習能力の高まりは、個体によって、この期間のどこかで急に終わりを迎えるようだということもわかってきました。そのため、この期間全体にわたって、子犬の様子をよく観察しながら、積極的に社会化をさせることが必要です。

最近の法改正により、犬に十分な社会化の機会を与えるため、生後8週齢以下の子犬の販売が禁止されることになりました。現在（2015年）は移行措置により生後45日齢以下が規制されていますが、子犬を購入する場合、社会化に十分配慮している業者などから入手すること、子犬を産ませる場合もこの時期はさまざまな刺激に穏やかに出合わせることを心がけてください。

ただし、とくに怖がりな子犬の場合、強い刺激をどんどん与えると、トラウマになってしまう危険性があるため、禁物です。また、社会化期に十分な社会化を受けられず、臆病になってしまった成犬も、苦手な刺激に徐々に慣らしていく練習（馴化）や、おやつなどのよいものと関連づけて覚えさえることを根気よく続ければ、改善していくことは可能です。自分ではうまく社会化ができないと思ったら、動物病院やしつけ教室などで開催されている犬の社会化教室（パピーパーティやパピークラス）に参加してみるのもよいでしょう。ほかの子犬とも適切に出会うことができ、また、悩みも相談できます。

生後１週間の子犬。母犬のにおいを頼りに成長する時期です

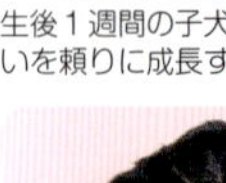

後足がまだおぼつかない時期から、兄弟と遊び始め、噛む力の抑制を学んでいきます

社会化期や、社会化期が過ぎても子犬のうちは、ほかの犬との適切な遊びの機会が得られれば理想的です

第5章

病気を予防する管理法

■兼島 孝

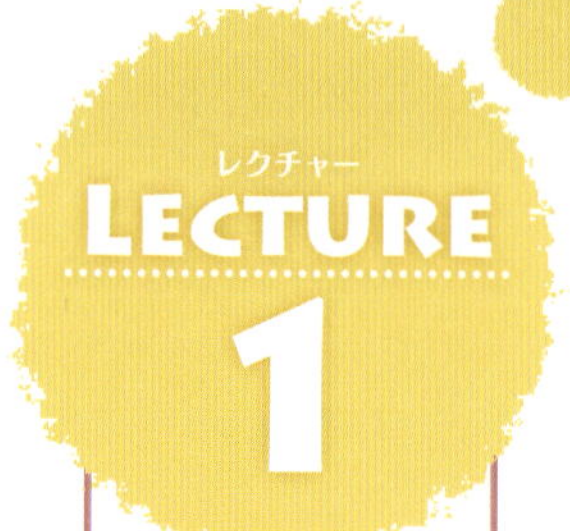

熱中症の予防と応急処置

熱中症は飼い主が予防に努めれば、まず間違いなく愛犬を発症させずに済みます。熱中症の発症リスクが高いのは、高温と同様、風通しの悪い閉鎖的な高温・多湿の環境です。体温が上昇しやすい環境であれば、日陰でも室内でも発症するので要注意です。また、暑さに体が慣れていない初夏は、気温が20度台前半でも熱中症になる危険性があります。

犬は、人間と違って全身からの汗をかけないため、口から人間より遅いスピードでしか熱を逃せません。犬は人間より熱が体にこもりやすいので、熱中症の発症リスクも人間より高いといえます。

なかでも熱中症にかかりやすい犬種は、パグ、フレンチ・ブルドッグ、シー・ズーなどの短頭種です。また、犬種は関係なく、肥満の犬も脂肪のせいで体に熱がこもりやすいので気をつけましょう。

もし発症したら、身体を冷やしながら早急に最寄りの動物病院に向かってください。

早期発見が命を救う! 熱中症の症状

熱中症は、熱障害による全身性の病的な症状です。症状が急速に悪化して、ショック症状を起こせば愛犬の命を救うことは困難です。初期症状を見逃してはいけません。

初期から、次のように症状は進行していきます。

1　呼吸が浅く、荒くなる
2　目が充血する
3　ヨダレを流す
4　嘔吐、下痢、血便をする
5　けいれんしたり、失神する
6　多臓器不全を起こす

プレショック状態と呼ばれる、4番目に挙げた以降の症状が見られた場合は、すぐに診察を受けられる動物病院や救急病院を探して急いで向かってください。

症状を見て判断するというよりも、体温が40度を超えていたらすぐに病院へ向かいましょう。念のため、自宅に体温計を常備しておくと安心です。

方法を心得て、焦らずに応急処置！

動物病院へ向かうタクシーなどを待っているときは――

1　室内を冷房で可能な限り冷やします。
2　氷水を張った、風呂桶や浴槽に入れて犬の体を冷やしてもよいでしょう。

自家用車やタクシーなどで病院へ向かう途中には――

3　車内の温度を冷房で可能な限り冷やします。
4　保冷剤や、水で濡らしたタオルで犬の体を包みます。

飼い主ができる予防法

その1 車に犬を置き去りにしない

動物病院を熱中症で受診する犬の多数が、自動車の中で留守番をさせられたケースです。窓を閉め切るのは言語道断ですが、窓の上部を少し開けておいても、また木陰に停車しても車内は湿度が上がるので危険です。春や秋でも、短時間であっても、犬を車に置き去りにして出かけることはやめてください。

その2 悪条件のときは散歩に出ない

熱中症の発症リスクを上げる、高温・多湿の状況下では外出を控えましょう。曇りの日や夜の散歩であっても、湿度が高い日は夏でも安心できません。湿度や気温が高くなくても、アスファルトを飼い主が素手で触ってみて熱く感じるようならば、散歩をやめたほうが無難です。犬が呼吸をするマズルは、人間より地面に近いことを考慮する必要があるのです。

その3 冷却効果のあるグッズを活用

上に乗ると冷却効果のある、アルミ製のマットといった、冷却用ドッググッズを活用するのがおすすめです。なお、一部の保冷剤などに使用されているグリエチレングリコールは、動物が食べると腎臓に中毒症状をきたします。イタズラをされても安全なグッズのみを置いておきましょう。たくさんの水を、留守番中や夜中でも犬が飲めるよう用意しておくことも重要です。

その4 室内は常に冷房で冷やす

夏期の室内は、湿度を下げるために、扇風機よりもエアコンを使用しましょう。愛犬が肥満ではなく、暑さに弱い短頭種などでなければ、室内の温度設定は26～28度でよいでしょう。除湿機能を使わなくても、外気よりも冷房によって湿度は下がります。留守番中や夜間も、直接エアコンの風が当たらないように注意して、冷房をつけておきましょう。

その5 散歩には保冷剤を持参する

夏の散歩には、保冷剤を持って出るのがおすすめです。暑そうにしていたら、保冷剤を肢の付け根あたりのそけい部に左右数秒ずつ何度も繰り返しあてて、体温の上昇を防ぎます。保冷剤を入れられる犬用のバンダナなども市販されているので、活用するとよいでしょう。もちろん、散歩中はこまめな水分補給も重要です。

感染症の種類と予防法

細菌やウイルスなどが体内に侵入して増殖することが「感染」です。感染症とは、感染によって病気が起こった状態です。

犬の体表や皮膚の表層に寄生する、ダニやノミなどの外部寄生虫による感染症や、犬の体内に寄生する内部寄生虫による感染症もあります。

また、狂犬病、レプトスピラ症、カプノサイトファーガ・カニモルサス感染症など、動物から人間にうつる感染症があり、それらを「人獣共通感染症」などと呼びます。

犬にも、感染症の一部には予防のためのワクチンがあります。犬にワクチン接種を済ませておけば、その感染症にかからなかったり、かかっても軽症ですみます。海外では3年に1度でよい製品もありますが、日本では同じ製品の扱いがなく、接種率が低くて感染する危険性が高いことと、免疫を保てる期間は犬によって個体差があるので、高い免疫力をキープするためにも、毎年の接種が安心です。

犬を迎えたらまず、飼い主が知っておきたい

人獣共通感染症について

ヒトと動物の共通感染症、動物由来感染症などとも呼ばれる、人獣共通感染症。人の感染症の約1700種類のうち半数が共通感染症で、日本国内では約40種類の共通感染症が問題となります。犬と暮らすうえで、飼い主はまず、犬由来の共通感染症について知っておきましょう。

狂犬病

感染すると、人も犬も致死率ほぼ100%の最悪の感染症です。日本国内から狂犬病が撲滅されて約60年になりますが、世界中では今なお死亡者は年間５万人を超えています。いつ再び、日本に狂犬病が入ってきてもおかしくない状況です。ワクチン注射による予防が可能で、日本では「狂犬病予防法」に基づき、91日齢以上の犬に、毎年狂犬病のワクチン注射を受けさせることなどが義務づけられています。国内で７割以上の犬が免疫を持てば、万が一、侵入しても、狂犬病のまん延は防止できると考えられています。

パスツレラ症

約７割の犬の口の中に存在するパスツレラ菌による感染症。犬に咬まれたあと、痛みを伴う腫れと異臭のある膿が出るのが特徴です。

カプノサイトファーガ・カニモルサス感染症

約９割の犬の口腔内に常在するカプノサイトファーガ菌によって感染します。免疫力の弱い人では、発熱、倦怠感、腹痛、吐き気などが起き、まれに敗血症などを起こして死亡するケースもあります。抗菌薬で治療できます。

猫ひっかき病

ネコノミによって媒介されるバルトネラ菌が原因となり、感染した犬が人を咬んだり引っかいたりした場合に感染します。発熱、リンパ節の腫れなどが人の症状で、抗菌薬で治療できます。

ノミアレルギー性皮膚炎

犬に寄生したノミの唾液によるアレルギーで皮膚炎を発症します。強い痒みを伴います。

皮膚糸状菌症（真菌症）

犬小胞子菌などの真菌（カビ）が原因で、感染部位が赤くなったり脱毛したりします。人も動物も治療が可能です。

エキノコックス症

感染したキタキツネや犬の糞から排出された、エキノコックスという寄生虫の卵を経口摂取することで感染します。肝臓の腫大や貧血や腹水などの症状が出るまでに通常は10年以上かかり、放置すると死に至ります。

予防＆感染リスクの軽減には

- ●犬に狂犬病の予防接種をする
- ●ノミなどの予防・駆虫薬を犬に投与
- ●愛犬のとの濃厚な接触を避ける
- ●愛犬が咬んだりしないようにしつける

ワクチン接種で予防できる感染症

ワクチンの種類		
	1	犬パルボウイルス感染症
	2	犬アデノウイルスⅠ型感染症（犬伝染性肝炎）
	3	犬アデノウイルスⅡ型感染症
	4	犬パラインフルエンザウイルス感染症
	5	犬ジステンパー
	6	犬コロナウイルス感染症
	7	犬レプトスピラ症黄疸出血型
	8	犬レプトスピラ症カニコーラ型
	9	犬レプトスピラ症ヘブドマディス
	10	狂犬病

単独、あるいは複合感染によって致死率の高い感染症に関しては、ワクチン接種によって予防が可能です。ワクチンには、混合ワクチンと単独のワクチンがあり、成犬は毎年の接種が理想的です。とくに、抵抗力の弱い子犬は感染症にかかると死亡する危険性が高まるので、ワクチン接種を行っておきましょう。

感染症の種類と症状

ワクチンで予防できる感染症は次のとおりです。

犬パルボウイルス感染症

伝染力が強い感染症。嘔吐と下痢が続き、脱水症状などを起こして、治療が遅れると子犬の9割、成犬でも2～3割が死亡する危険性があります。

犬伝染性肝炎

犬アデノウイルスⅠ型の感染によって発症します。感染力が高く、口から入って2～8日の潜伏期間を経たのち、急性の肝炎になります。食欲不振、鼻水、高熱などが続きます。1歳未満の子犬では、とくに症状を示すことなく突然死するケースもあります。

犬ジステンパー

免疫力が高い成犬では、症状が軽度のまま治ることもありますが、免疫力の弱い幼犬や老犬では死亡率の高い感染症のひとつです。高熱のほか、元気消失、食欲不振、下痢、嘔吐、目ヤニや鼻汁が出るといった症状も見られることがあります。口や鼻から強い感染力で体内に侵入したウイルスは、最終的には脳まで広がり神経系が冒されて、行動の異常やけいれんなどが見られ、マヒなどの後遺症が残る場合もあります。

犬コロナウイルス感染症

成犬では軽度の胃腸炎で済む場合が多いのですが、子犬では犬パルボウイルスとの混合感染で重症化します。下痢について嘔吐になり、脱水症状を起こすと突然死をすることもあります。

ケンネルコフ

犬アデノウイルスⅡ型とパラインフルエンザウイルス、マイコプラズマ、ボルデテラ菌などが原因となります。

犬伝染性咽頭気管炎とも呼ばれ、がん

こな咳が主な症状です。運動時や興奮時などに咳が発作的に現われても、日常的には元気にしていることもあります。微熱とともに数日間で咳が終息すれば問題ありませんが、混合感染を起こすと高熱が出て、肺炎へと移行する危険性があります。

レプトスピラ感染症

動物から人にうつる共通感染症のひとつ。主にドブネズミが菌を持って感染源になっていて、その菌が尿から排泄されて、人や動物の健康な皮膚に菌が触れただけで感染します。症状が現れた場合、犬では致死率が高いので注意が必要です。

レプトスピラ菌には多くの種類があり、感染する菌によって、出血型と黄疸型に大別されます。

消化器が菌におかされると嘔吐や血便が現われ、泌尿器がおかされると尿をしなくなったり、尿毒症になります。肝臓がおかされた場合は、腹部の皮膚や目の結膜や口の粘膜の黄疸が見られます。

水中で長く生き続けるため、発生地域では愛犬の散歩時はたまり水を飲まないようにしましょう。

子犬のワクチン接種プログラム

子犬のワクチン接種の進め方を解説します。

すでに母犬がワクチンを接種して感染症に対する免疫を獲得していた場合は、多くは初乳、また一部は胎盤をとおして子犬は移行免疫を獲得します。

母体移行免疫が失われる生後45日以降に、初回のワクチンを接種するといいでしょう。移行抗体が残っている間にワクチンを接種しても、効果がありません。初乳を十分に飲めていた場合は、通常生後60日ごろに初回、ついで生後90日ごろに２回目のワクチンを接種します。２回目のワクチン接種時でもまだ母体移行免疫が残っていた場合を想定して、念のため生後120日ごろに３回目のワクチンを打つケースも少なくありません。

初乳をほとんど飲めなかった子犬は、初回のワクチン接種の時期が早まるとともに、接種回数も増やすことになります。

なお、前頁の表中７～９のレプトスピラ感染症は、発生のある地域に住んでいたり訪れる場合は、獣医師と相談しながら接種するとよいでしょう。

ワクチン接種後、およそ２～４週間で抗体を獲得します。

寄生虫による感染症

寄生虫には、動物の体内に寄生する内部寄生虫と、体の表面や皮膚の表層に寄生する外部寄生虫がいます。予防できる方法を心得ておきましょう。

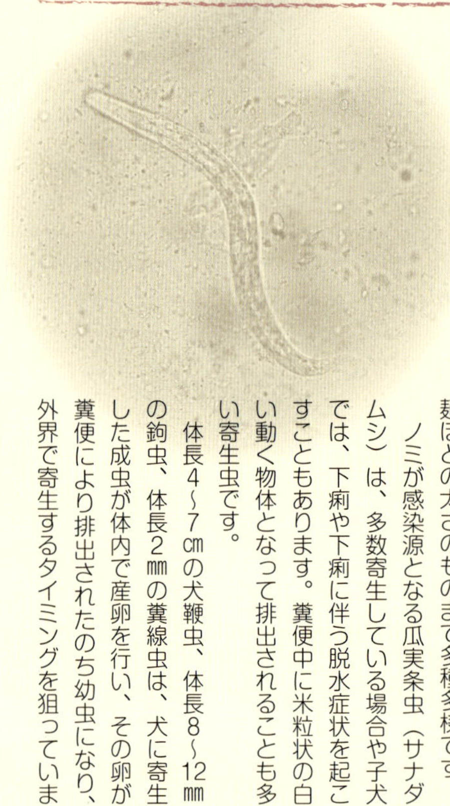

←2㎜ほどの大きさで小腸に寄生する糞線虫

瓜実条虫症、鞭虫症、鉤虫症、糞線虫症、回虫症

予防法

●飼育環境を衛生的に保つ
●ほかの犬の便が残っているような不衛生な場所を避けて散歩をする

■解説

犬の体内に寄生する内部寄生虫には、肉眼で見えないほど小さなものから、素麺ほどの太さのものまで多種多様です。

ノミが感染源となる瓜実条虫（サナダムシ）は、多数寄生している場合や子犬では、下痢や下痢に伴う脱水症状を起こすこともあります。糞便中に米粒状の白い動く物体となって排出されることも多い寄生虫です。

体長4～7㎝の犬鞭虫、体長8～12㎜の鉤虫、体長2㎜の糞線虫は、犬に寄生した成虫が体内で産卵を行い、その卵が糞便により排出されたのち幼虫になり、外界で寄生するタイミングを狙っています。幼虫は、口から入ったり、犬の皮膚を突き破ったりして感染を広げていきます。鞭虫も鉤虫も、寄生された成犬では無症状のこともありますが、多数に寄生されると下痢による脱水症状や貧血が心配されます。

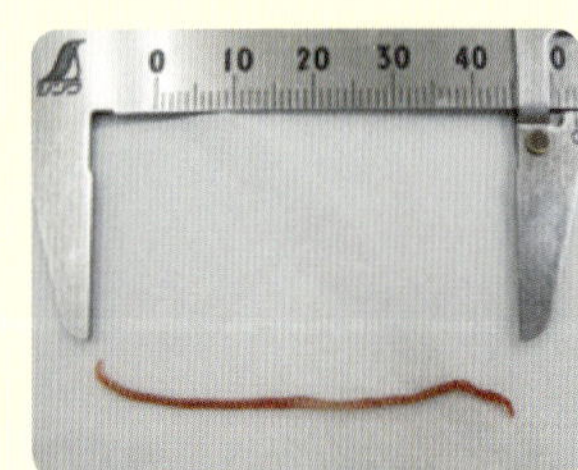

ひも状の犬回虫

体長4～20㎝の犬回虫は、経口摂取や、胎盤や母乳をとおして感染します。主症状は下痢で、子犬では小腸が閉塞して死亡することもあります。

内部寄生虫の種類によって、治療で使用する駆虫薬が違うため、糞便を動物病院に持参するなどして確定診断を受けることが重要です。

フィラリア症

●予防薬を犬に投与する

■解説

フィラリア（犬糸状虫）は寄生虫の名前。蚊が媒介する感染幼虫が犬の体内に入ると、約3カ月間、発育を続けながら心臓や肺動脈にたどりつきます。心臓で成虫になったフィラリアは、ミクロフィラリアと呼ばれる幼虫を産み、犬の体内でフィラリアが増えていきます。成虫の長さは、15～30㎝ほど。心臓や肺がフィラリアのすみかになってしまうと、血液の循環が悪くなり、呼吸器や循環器、泌尿器に障害をもたらします。治療が手遅れだった場合、呼吸困難になったり、お腹や肺に水が溜まり、最終的に心不全を患って死亡します。

症状が軽く元気な場合は、内科的な治療法の選択が可能です。

予防方法としては、毎月使用する皮膚に直接つけるスポットタイプや口から飲ませるタイプの予防薬、数カ月効果のある注射薬などがあります。薬は、蚊から刺されたときに皮膚に入るミクロフィラリアが、心臓に達する前に駆除する役割を果たします。蚊を見て1カ月以内から、蚊を見なくなって1カ月後までが予防薬を投与するシーズンになります。

マダニ感染症とノミ感染症

予防法

●予防薬で寄生を防止したり、寄生された虫を駆虫する

■解説

マダニとノミは、獣医師の処方により月に1回投与するスポットタイプの予防薬による寄生の防止が可能です。

草むらなどに潜み、犬に寄生したあと吸血するマダニは、犬が痒がることはほとんどありません。けれども、貧血、アレルギー性皮膚炎、ダニ麻痺などの病害をもたらすうえ、犬では重度の場合で急死することもあるバベシア症や、犬と人に共通のライム病の病原体を媒介するので要注意です。また近年、人間においてマダニによる感染症であるSFTSによる死者も出ています。愛犬に寄生されないよう、予防が肝心です。

もし愛犬についているマダニを見つけても、そのままにして動物病院で処置をしてもらってください。無理に引っ張って取ると、犬の体内に口器だけが残り、炎症を起こす危険性があるからです。

吸血して10㎜ほどに膨らんだマダニ

犬が食べては危険なもの

犬と人間とでは、食中毒を起こす食べ物の種類が違います。愛犬に知らずに与えてしまう場合だけでなく、ゴミあさりによって口にさせてしまう場合もあるので気をつけましょう。

犬は好奇心が旺盛で、なんでも口に入れたり舐めてみたりしたくなる習性を持っているため、室内や庭の観葉植物はもちろん、散歩中に見かける植物にも油断は禁物です。

また、当然のことですが、人間が口に入れると有害な物質は犬にも有害です。殺虫剤や除草剤、そのほかの薬品も、犬が口にしないように注意しましょう。

口に入れたものの種類や量にもよりますが、中毒を起こした場合は、嘔吐、下痢、よだれ、興奮、体温低下、呼吸困難、湿疹、けいれん、運動失調、そして最悪は死亡まで、さまざまな症状が見られます。犬の具合が急に悪くなったようなときは、中毒の可能性も念頭に入れて、早めに動物病院へ向かってください。

中毒を起こす代表的なもの

タマネギ、ネギ類、ニラ、ニンニク類

アリルプロピルジスルフィドという成分が犬の赤血球を壊して、貧血や溶血の原因になります。感受性に個体差はあるものの、加熱されていても、焼肉のタレやドレッシングなどに加工されていても影響があります。

アボカド

ペルジンという物質を摂取しすぎることで、胃腸炎になる可能性があります。

ブドウ

ブドウやレーズン（干しブドウ）を食べてから数時間後に嘔吐や下痢が起こることが多く、重症の場合は腎不全から死に至るケースもあります。

チョコレート

チョコレートやココアなどに含まれるテオブロミン成分が、心臓や神経に異常をきたす恐れがあります。パンテイング（あえぐような呼吸）や震え、けいれんのほか、重症ではショックを引き起こす危険性があります。

キシリトール

人間用のガムなどに含まれるキシリトールは、犬には血糖を下げる原因になりうるため、低血糖症や肝臓障害を引き起こす恐れがあります。

ナッツ類

多量に摂取すると危険です。とくにマカダミアナッツでは、運動失調などを起こす恐れがあります。

牛乳

犬は乳糖（ラクトース）の消化酵素が人間よりも少ないので、過剰に摂取すると下痢などの原因になります。チーズやヨーグルトには乳糖がほとんど含まれていないため、下痢の原因になることは少ないでしょう。

生のタコ、イカ、エビ

生の場合に含まれるチアミナーゼという物質を多量に摂取すると、犬では神経障害の原因になる危険性があります。

生卵の白身

アビジンという成分によって、ビタミンBの吸収が妨げられます。摂取しすぎると、ビオチン欠乏を招きます。

生肉

衛生的に管理されたものでない場合は、すべての種類の生肉に食中毒の恐れがあります。とくにトキソプラズマという原虫感染症の原因になる豚肉は、生食には適していません。

犬に有害な植物

オシロイ

アヤメ

アサガオ

植物名（別名）	有毒部分
アサ（タイマ）	全部
アサガオ（ケンゴシ）	種
アザレア（西洋ツツジ、シナノサツキ、シャクナゲ）	葉、根皮、蜜
アセビ（ウマクワズ、アシビ、アンドロメダ）	全部
アマリリス	球根
アヤメ	根茎
イカリソウ（インヨウカク）	全部
イチイ（オンコ、アララギ）	樹木、葉、種（ただし果肉は無害）
イチヤクソウ（カガミグサ、キッコウソウ、ベッコウソウ）	全部
イヌサフラン（コルヒカム、コルチカム、コルキカム）	根茎、種、球根
イラクサ（イタイタグサ、イライラグサ）	葉と茎の刺毛
ウマノアシガタ（コマノアシガタ）	全部
エゴノキ（ロクロギ、チシャノキ）	果皮
エンレイソウ（タチアオイ）	根茎
オシロイバナ（ユウゲショウ）	種、茎、根
オダマキ（イトクリソウ、ムラサキオダマキ）	全部（特に種）
オニドコロ（ナガトコロ）	根
カラスビシャク（ハンゲ、ヘソクリ）	球茎
カルミア (アメリカシャクナゲ、ハナガサシャクナゲ、山月桂)	葉
キキョウ	根
キツネノカミソリ（ヤマクワイ）	根茎、茎
キツネノテブクロ（ジキタリス）	葉、花、根
キツネノボタン	全部
キバナハウチワマメ（ルピナス、ノボリフジ）	全部（特に種）
キバナフジ（ゴールデンチェーン、キングサリ）	葉、樹皮、根皮、種
キョウチクトウ（タイミンクワ、タウチク）	葉、枝、樹皮、根
クサノオウ（タムシグサ、ニガクサ、ハックツサイ）	全部（特に乳液）
クリスマスローズ	全部（特に根）

セイヨウキヅタ（アイビー）

スイセン

ジンチョウゲ

植物名（別名）	有毒部分
ケキツネノボタン	葉、茎
ケシ（ツガル、アフヨウ）	種、未熟果乳液
ケマンソウ（フジボタン、タイツリソウ、ヨウラクボタン）	根茎、葉
コウモリカズラ（ヘンプクカズラ）	種
ゴクラクチョウカ	全部
コバイケソウ	全部
ザクロ（イロタマ）	樹皮、根皮
サトイモ科の観賞植物（カラー、アンスリウム、カラジウム）	草液
シキミ（ハナノキ、コウノキ、ハカバナ）	果実、樹皮、葉、種
シュロソウ	根茎
ショクヨウダイオウ	根茎、葉
ジンチョウゲ（チョウジグサ）	花、葉
スイセン（セッシュウカ、ハルタマ）	球根
スズラン（キミガケソウ）	全部
セイヨウキヅタ（アイビー）	葉、果実
センダン（アフチ、アカセンダン）	果実、樹皮
ソテツ	種、茎幹
タケニグサ（チャンパギク）	全部
タバコ	葉
チョウセンアサガオ	全部（特に種）
ツクバネソウ（ツチハリ、ノハリ、四葉玉孫）	全部（特に果実）
ツタ（ナツヅタ、アマヅラ）	根
ツリフネソウ（ムラサキツリフネ）	全部
ディフェンバキア（シロガスリソウ）	茎
トウゴマ（ヒマ）	穂、葉、種
トウダイグサ（スズフリバナ）	全部
ドクウツギ(ウシコロシ、サルコロシ、オニウツギ)	葉、茎、種、果実
ドクセリ（オオゼリ、ウバゼリ、ウマゼリ、イヌゼリ）	全部

ランタナ

モクレン

フジ

植物名（別名）	有毒部分
トチノキ（アカバナトチノキ）	樹皮、種
トリカブト（ブス、ブシ、カブトギク、カブトバナ）	全部
ニセアカシア（ハリエンジュ）	樹皮、種、葉
ノウルシ（サワウルシ、キツネノチチ、ハカノチチ）	葉、茎
バイケイソウ（ハクリロ）	全部（特に根）
ハシリドコロ（ヤマナスビ、ナナツギキョウ、サワナスビ）	全部
ハナヒリノキ（クサメノキ、クジャミノキ、チシコロシ）	葉
ハンショウヅル	全部
ヒエンソウ（チドリソウ、デルフィニウム）	全部（特に種）
ヒガンバナ（マンジュシャゲ）	全部（特に球根）
ヒヨドリジョウゴ（イヌクコ、ウルシタケ、カラスノカツラ）	全部（特に果実）
フィロデンドロン	根茎、葉
フクジュソウ（ガンジツソウ）	全部（特に根）
フジ	全部
フジバカマ	全部
ポインセチア	葉と樹液
マサキ（シタワレ、ウシコロシ）	葉、樹皮、果実
マムシグサ（ヘビノダイハチ、ヤカゴンニヤク）	根、茎、果実、肉穂果
ミヤマシキミ（シキミ、タチバナモッコク）	全部
モクレン（マグノリア、シモクレン、ハネズ）	樹皮
モンステラ（ホウライショウ）	葉
ヤナギタデ（ホンタデ）	全部（特に種）
ヤマシャクヤク（ノシャクヤク）	根
ユズリハ（イヌツル、ツルノキ）	葉、樹皮
ヨウシュヤマゴボウ（アメリカヤマゴボウ）	全部（特に根）
ランタナ（シチヘンゲ、コウオウカ、セイヨウサンダンカ）	葉、未熟種
ロベリア（ロベリアソウ、ルリミゾカクシ）	全部
ワラビ（ワラベ、ビケツ、ハシワラベ）	根茎、地上部

参考文献：『動物が出合う中毒　意外にたくさんある有毒植物』（財）鳥取県動物臨床医学研究所／発行）

避妊と去勢で予防できる病気

避妊手術をすれば、犬が集まる場所へも年中安心して連れて行けます

避妊と去勢手術の目的のひとつとして、生殖器が関係する病気の予防が挙げられます。高齢になると、メスでは子宮蓄膿症、オスでは男性ホルモンがかかわる前立腺疾患が起こりやすくなります。それらを予防するには、避妊・去勢手術が有効です。

また、多頭飼育やドッグランなどに行く場合は、気づかないうちの犬同士の交配を避けるのにも役立ちます。

行動の問題の改善を目的として、とくにオスの去勢手術が行われることも少なくありません。オスは、男性ホルモンの影響で頻繁にマーキングをしたり、攻撃性が出るケースもあります。そうした行動の改善には、男性ホルモンの分泌を抑制できる去勢手術が役立つといえます。

命にもかかわる生殖器の病気にかかりにくくなることや、性的な欲求からの解放によるストレスの軽減も手伝ってか、避妊・去勢をした犬はしていない犬と比べて寿命が長いのも事実です。

オスの去勢手術について

メリット

❶ 前立腺肥大症、前立腺膿瘍、肛門周囲腺腫、精巣腫瘍といった病気を予防できます。メス同様、性ホルモン関連性の皮膚炎の予防も可能です。

❷ 去勢手術によって異性に対する興味が薄くなれば、性的な欲求を満たせないことが原因となる精神的ストレスから解放してあげられます。

❸ 性ホルモンの一種であるテストステロンが影響する、攻撃性の高まりを抑えられます。

❹ 精巣を取り除き、男性ホルモンの分泌がなくなるため、マーキングなどの行動を改善できます。ただし、手術の前に、すでに習慣化している場合は行為の減少が見られないこともあります。

デメリット

❶ 性ホルモンの分泌の変化により、肥満傾向が高まります。

❷ 性ホルモンが分泌されなくなるため、毛づやが悪くなることがあります。

手術の方法

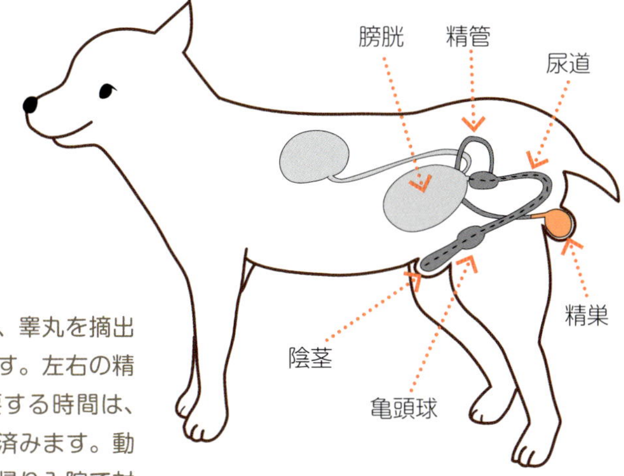

図のオレンジ色で示した、
精管と精巣を切除

オスの去勢手術は、睾丸を摘出する方法が一般的です。左右の精巣を摘出するのに要する時間は、メスよりも短時間で済みます。動物病院によっては日帰り入院で対応しているところも多くあります。

メスの発情周期と生理（ヒート）

メスの発情周期

メスの発情周期は、発情前期、発情期、発情休止期、無発情期の4期に分けられます。

そのうち、いわゆるヒートと呼ばれる、犬の陰部から出血が起こる期間は、平均およそ8日間続く発情前期と、続いて発情期に入ってから排卵が起こるまでの合計で2週間ほどとなります。発情前期から排卵までには個体差があり、1カ月ほど出血が続く犬もいます。

平均およそ10日間続く発情期のあとには、黄体期とも呼ばれる発情休止期があり、この期間はメスの偽妊娠が起こることがあります。その後、次の発情までで3～8カ月間が無発情期となります。

ヒート中に注意すること

陰部が大きくなり、出血などがある期間は、フェロモンのにおいでオス犬を惹きつけますので注意が必要です。ドッグランなどの犬が集まる場所は避けるようにしましょう。

陰部が大きくなる異和感から頻尿になる犬もいます。

また、発情休止期に偽妊娠をした場合は乳腺炎になっていないか気をつけて見てあげてください。何度も偽妊娠を繰り返す犬では、乳腺腫瘍のリスクが高まるため、避妊手術を検討してもよいでしょう。

避妊手術に適した時期

犬の性周期のうち、黄体期に避妊手術をしないほうが望ましいとされる意見が少なくありません。黄体期に偽妊娠を繰り返す犬の場合は、黄体期の後半に避妊手術をすると、プロクラチンの分泌が誘引されて乳腺が刺激されて偽妊娠の状態になる可能性があります。発情出血開始から３カ月経ち、性ホルモンの影響がまったくなくなった無発情期を、避妊手術の時期として選択するのが望ましいでしょう。

メスの避妊手術について

メリット

❶子宮蓄膿症、乳腺腫瘍、卵巣膿腫、子宮内膜炎などが予防できます。このうち、子宮蓄膿症と悪性の乳腺腫瘍は生命をおびやかす病気のひとつ。ただし、乳腺腫瘍では初回の発情前の避妊手術がもっとも効果的で、発情回数を経るごとに、避妊手術をしても乳腺腫瘍の罹患リスクは少しずつ高くなります。

❷犬自身が、陰部の腫大や頻尿への違和感や、性的欲求によるストレスから解放されます。

デメリット

❶避妊をすると、太りやすくなることがわかっています。身体が使うエネルギー量が減るため、手術前と同じ量を食べても消費するカロリーが減ってしまうのが理由です。運動や食事の工夫による肥満予防に努めましょう。

❷もともと攻撃性が高めのメスでは、手術によって女性ホルモンが分泌しなくなることで、さらに攻撃的になるケースがあるという報告もあります。

避妊手術の方法

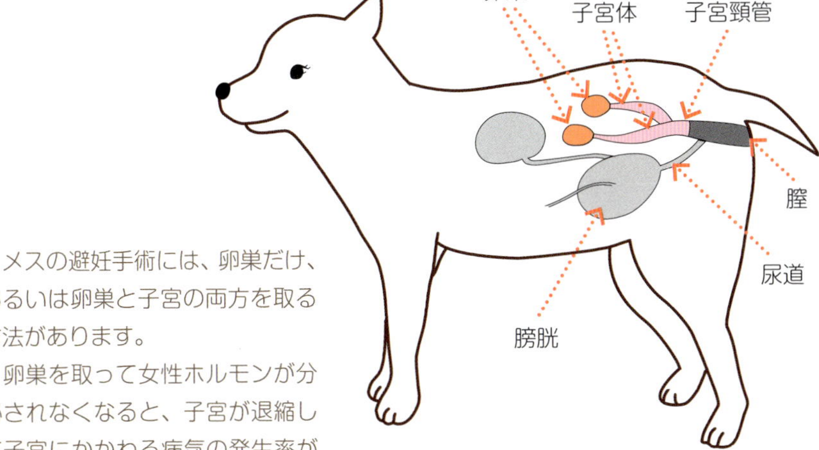

メスの避妊手術には、卵巣だけ、あるいは卵巣と子宮の両方を取る方法があります。

卵巣を取って女性ホルモンが分泌されなくなると、子宮が退縮して子宮にかかわる病気の発生率が減るといわれています。手術の所要時間は１時間前後で済みます。

オレンジ色で示した卵巣のみを切除する方法と、ピンク色で示した子宮も切除する方法がある

LECTURE 5

ドッグ・ドックの活用術

犬は言葉で痛みや苦しみを訴えることができません。また、人間の数倍ものスピードで肉体年齢を重ねていく犬の1年は、人間の1年とは違います。若年では年1回、5歳以降は半年に1回、健康診断を受けられれば理想的です。

人間ドック同様、犬も定期的な健康診断を受けることにより、病気の早期発見ができ、早期に治療が開始できます。

ドッグ・ドックのコースを設けている動物病院では、獣医師と相談のうえ、愛犬に合ったプランを選んでください。筆者が院長を務めるみずほ台動物病院では、「スタンダードコース」、「心臓・高齢コース」、「肥満コース」、「腎臓コース」などがあります。

かかりつけの病院で健康診断コースがないならば、フィラリアの有無を血液検査によって調べる際に、健康診断の基本となる血液検査を依頼してもよいでしょう。それに加えて、触診、レントゲン検査、超音波検査、尿と便の検査なども依頼すれば安心です。

検査の内容&結果からわかること

ドッグ・ドックでは、次のような検査を行い、結果を判断します。

1 血液検査

赤血球や白血球を調べる「一般血液検査」、臓器の機能を調べる「生化学検査」、血液中のフィラリアなどの寄生虫の有無を調べる「寄生虫検査」があります。

血液検査結果の見方

項目	単位	犬の基準値	高値で疑われる疾患	低値で疑われる疾患
WBC（白血球数）	/μl	7000～19000	感染・炎症・ストレス・激しい運動・興奮・白血病	ウィルス感染、ビタミン欠乏、放射線
RBC（赤血球数）	X10*4/μl	630～880	脱水・多血症・ストレス・激しい運動・興奮	鉄欠乏症性貧血・再生不良性貧血・腎性貧血・出血性貧血・溶血性貧血
Hb（ヘモグロビン）	g/dl	13.0～19.0	脱水・多血症・ストレス・激しい運動・興奮	鉄欠乏症性貧血・再生不良性貧血・腎性貧血・出血性貧血・溶血性貧血
Ht（ヘマトクリット）	%	40.0～56.0	脱水・多血症・ストレス・激しい運動・興奮	鉄欠乏症性貧血・再生不良性貧血・腎性貧血・出血性貧血・溶血性貧血
PLT(血小板)	X10*4/μl	21.0～60.0	真性多血症・出血による反応性増加・摘脾後	再生不良性貧血、急性白血病、播種性血管内凝固症候群(DIC)、肝硬変、自己免疫性疾患
総蛋白	g/dl	5.3～7.3	脱水、感染症、腫瘍	肝機能不全、たんぱく喪失性腸症、出血、血管炎、ネフローゼ症候群、胸水・腹水貯留、栄養障害
アルブミン	g/dl	2.5～3.5	脱水	肝機能不全、たんぱく喪失性腸症、出血、血管炎、ネフローゼ症候群、胸水・腹水貯留、栄養障害
A/G	-	0.7～1.2	脱水、免疫不全	肝機能不全、たんぱく喪失性腸症、出血、血管炎、ネフローゼ症候群、胸水・腹水貯留、栄養障害、感染症、腫瘍
AST（GOT）	IU/l/37℃	18～53	肝臓障害、筋疾患	なし
ALT（GPT）	IU/l/37℃	20～109	肝臓障害、クッシング症候群	なし
ALP	IU/l/37℃	47～237	肝疾患、胆管疾患、クッシング症候群、ステロイド剤、骨疾患、ストレス	なし
クレアチニン	mg/dl	0.5～1.2	腎不全	多尿
尿素窒素	mg/dl	9～31	腎不全、脱水、消化管内出血、高たんぱく食	肝機能不全、多飲多尿、低たんぱく食
アンモニア	μg/dl	16～75	肝不全、門脈体循環シャント	なし
血清血糖	mg/dl	72～96	糖尿病、ストレス、クッシング症候群	敗血症、肝機能不全、アジソン病、腫瘍
TG（中性脂肪）	mg/dl	18～90	膵炎、糖尿病、飢餓、ステロイド剤、肝不全	なし
総コレステロール	mg/dl	115-318	甲状腺機能低下症、膵炎、糖尿病、胆汁うっ滞、ネフローゼ症候群、クッシング症候群、肥満	肝疾患、たんぱく喪失性腸症、アジソン病、栄養障害
ナトリウム	mEq/l	144～150	高Na血症、腎不全、高Ca血症	低Na血症、脱水、アジシン病
カリウム	mEq/l	4.4～5.6	副腎皮質機能低下症、腎不全、アジソン病	甲状腺機能亢進症、代謝性アルカローシス
クロール	mEq/l	108～117	高Cl血症、KBrの服用	低Cl血症
カルシウム	mg/dl	9.1～11.3	腫瘍、アジソン病、ビタミンD過剰症、上皮小体機能亢進症	上皮小体機能低下症、食餌性欠乏、膵炎、産前・産後
無機リン	mg/dl	1.9～5.1	腎不全、上皮小体機能低下症	ビタミンD欠乏、吸収不良
T4	μg/dl	0.5～2,8	甲状腺機能亢進症	甲状腺機能低下症

② 身体測定

体重、体温、心拍数、呼吸数などを測定して、異常がないかを確認します。

③ 身体検査

- 体格：肥満や痩せていないかどうか
- 視診：皮膚、耳、鼻、眼、口の中などに異常がないか
- 聴診：心音などに異常がないか
- 触診：関節やリンパ節などに異常がないか

④ 尿検査

まず、腎臓機能に障害がないかを調べる尿の濃さと尿比重の検査を行います。

また、スティック検査という、動物病院内で簡便に行える方法で、いくつかの項目を検査します。

- 尿たんぱく：腎臓や尿路の問題がないか
- pH：尿路感染症などがないか
- 尿潜血反応：尿路の異常がないか
- 尿糖：糖尿病がないか
- ビリルビン：肝臓や胆道系の異常がないか。

尿たんぱくや尿潜血の検査で異常が見られた場合、尿中の沈殿物を顕微鏡で見る検査も行います。尿路感染症では白血球が、尿路結石では赤血球が多く見られるなど、病気のある場合は沈殿物も増えます。また、膀胱腫瘍による腫瘍細胞を検出できることもあります。

⑤ 糞便検査

寄生虫の有無を顕微鏡で調べるほか、消化管に炎症などがないか出血の有無で判断します。

⑥ レントゲン検査

臓器の大きさや形、胸や腹に水がたまっていないか、肺の状態に異常が見られないかなどを調べるために行います。内臓などの腫瘍の早期発見にもつながります。

触診などとあわせて、骨や関節の状態を調べることもできます。

⑦ 超音波検査

心臓や腹腔内の臓器の異常がないかを調べます。血流が着色されてモニター表示されるカラー・ドプラー超音波では、心臓の血流がわかるので、弁疾患などを発見できます。

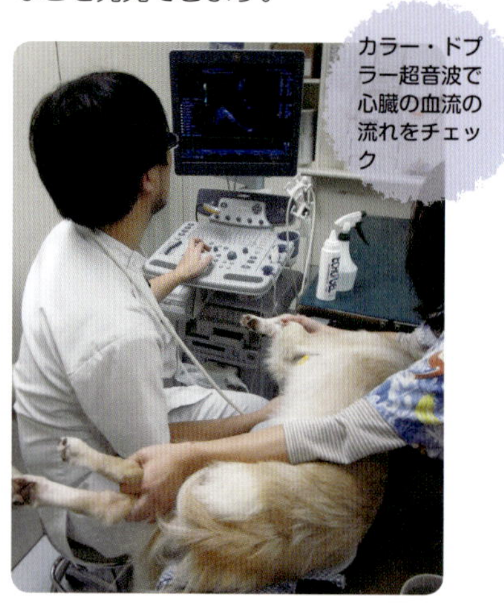

カラー・ドプラー超音波で心臓の血流の流れをチェック

検査結果を活かすには

検査結果は、報告書にまとめている動物病院が多くあります。担当の獣医師は、病気が発見されなかった場合でも、検査結果をもとに、今後かかる可能性が高い疾患など教えてくれるでしょう。その病気を予防するために、獣医師から、日常生活における多様なアドバイスが受けられることもドッグ・ドック受診のメリットです。

かかりつけ医のカルテにドッグ・ドックの結果の情報が残るので、獣医師も、その後の犬の病気の早期発見に役立てることができます。

病気が発見された場合は、早期治療が開始できるので、飼い主にも犬にも負担がかかりません。必要に応じて適切な2次診療施設なども早期に紹介してもらえるので安心です。

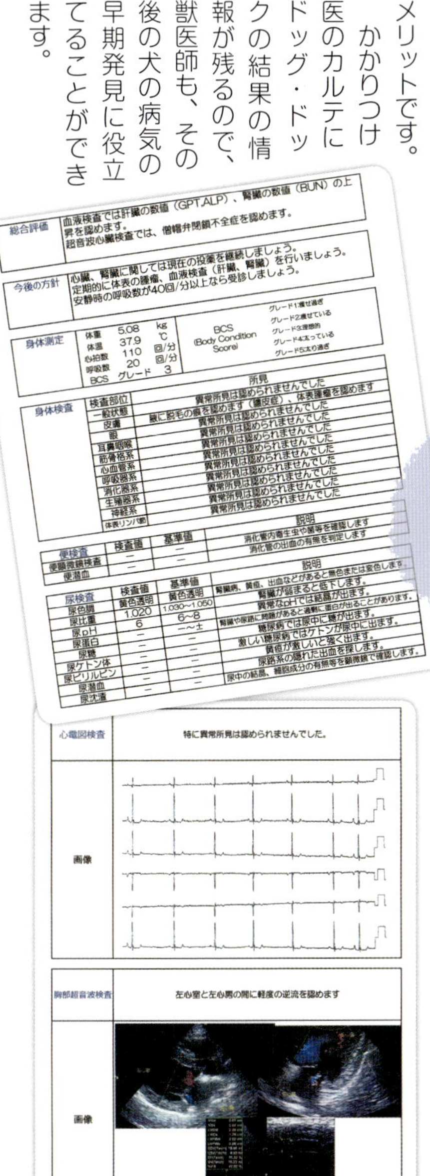

総合評価	血液検査では肝臓の数値（GPT.ALP）、腎臓の数値（BUN）の上昇を認めます。 超音波心臓検査では、僧帽弁閉鎖不全症を認めます。
今後の方針	心臓、腎臓に関しては現在の投薬を継続しましょう。 定期的に体表の腫瘤、血液検査（肝臓、腎臓）を行いましょう。 安静時の呼吸数が40回/分以上なら受診しましょう。

身体測定			BCS (Body Condition Score)
体重	5.08	kg	グレード1:痩せ過ぎ
体温	37.9	℃	グレード2:痩せている
心拍数	110	回/分	グレード3:理想的
呼吸数	20	回/分	グレード4:太っている
BCS	グレード	3	グレード5:太り過ぎ

身体検査	検査部位	所見
	一般状態	異常所見は認められませんでした
	皮膚	腹に脱毛の痕を認めます（膿皮症）、体表腫瘤を認めます
	眼	異常所見は認められませんでした
	耳鼻咽喉	異常所見は認められませんでした
	筋骨格系	異常所見は認められませんでした
	心血管系	異常所見は認められませんでした
	呼吸器系	異常所見は認められませんでした
	消化器系	異常所見は認められませんでした
	生殖器系	異常所見は認められませんでした
	神経系	異常所見は認められませんでした
	体表リンパ節	異常所見は認められませんでした

便検査	検査値	基準値	説明
便顕微鏡検査	−	−	消化管内寄生虫や菌等を確認します
便潜血	−	−	消化管の出血の有無を判定します

尿検査	検査値	基準値	説明
尿色調	黄色透明	黄色透明	腎臓病、黄疸、出血などがあると無色または変色します。
尿比重	1.020	1.030～1.050	腎臓が弱まると低下します。
尿pH	6	6～8	異常なpHでは結晶が出ます。
尿蛋白	−	−～±	腎臓や尿路に問題があると過剰に蛋白が出ることがあります。
尿糖	−	−	糖尿病では尿中に糖が出ます。
尿ケトン体	−	−	激しい糖尿病ではケトンが尿中に出ます。
尿ビリルビン	−	−	黄疸が激しいと強く出ます。
尿潜血	−	−	尿路系の隠れた出血を探します。
尿沈渣	−	−	尿中の結晶、細胞成分の有無等を顕微鏡で確認します。

心電図検査	特に異常所見は認められませんでした。
画像	

胸部超音波検査	左心室と左心房の間に軽度の逆流を認めます
画像	

みずほ台動物病院

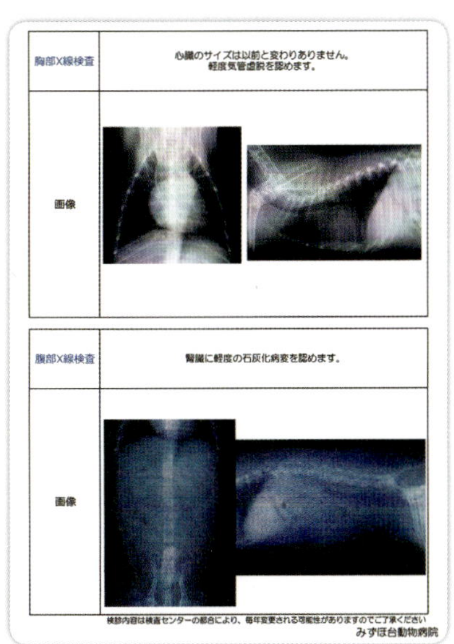

胸部X線検査	心臓のサイズは以前と変わりありません。 軽度気管虚脱を認めます。
画像	

腹部X線検査	腎臓に軽度の石灰化病変を認めます。
画像	

検診内容は検査センターの都合により、毎年変更される可能性がありますのでご了承ください
みずほ台動物病院

みずほ台動物病院の「心臓・高齢コース」を受診した15歳のオスのパピヨンの検査結果

薬のスムーズな飲ませ方（編集部）

錠剤と粉薬の与え方のコツを覚えておくと、
愛犬との暮らしで必ず役に立つでしょう。

● 錠剤

1　食事に混ぜる

一番簡単な方法ですが、錠剤だけ上手に食べ残す犬も見られます。その場合は、2の方法で飲み込ませましょう。また、フードボウルとは別の場所に錠剤だけ残している可能性もあるため、食事に混ぜた場合はきちんと錠剤を飲み込むかを見届けましょう。

2　口を開けて飲み込ませる

飲んだかどうかをしっかり確認できることもあり、ベストな方法といえます。写真の手順で飼い主が焦ることなく落ち着いて行いましょう。

片方の手で犬歯の後ろ側を、もう片方の手で下顎に指をかけて口を開けます。

錠剤を持った手をできる限り犬の口の奥まで入れたのち、錠剤を落としてマズルを押さえて口を閉じさせます。

ゴクンと犬が錠剤を飲み込む様子を見せるまで、しばらくマズルを押さえたままにします。食道を通過しやすいよう、喉をやさしくなでてあげるのもいいでしょう。

● 液体薬・粉薬

1　食べ物に混ぜる

納豆やヨーグルトなど、嗜好性が高くて混ぜやすい食材に混ぜて与えます。必ず、フードボウルや飼い主の手を最後までペロペロとなめてきちんと必要量を摂取することが重要です。

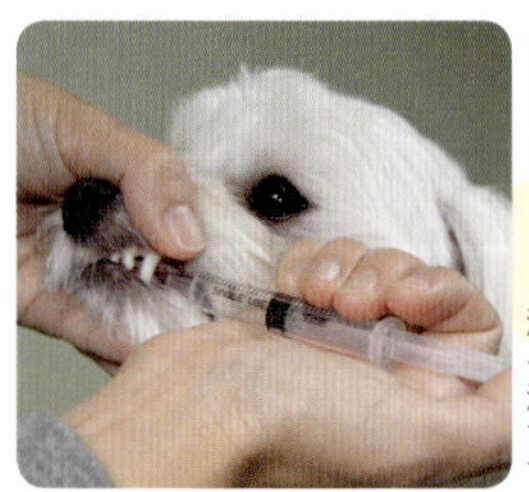

注射器を握りしめるように持つと、注入量を調整しやすく飲ませやすいです。

小型犬ならば、抱っこして飲ませてあげるほうがやりやすいかもしれません。

2　注射器やスポイトで与える

粉末は水に溶かして、液体薬はそのままスポイトや注射器で吸い取って与えます。

第6章

犬の健康を守るテクニック

■なかしま なおみ
■相澤 まな ■石野 孝

まず、健康な子犬にめぐり合うには

編集部

母犬の胎内にいるころから、飼い主に引き渡されるまでの間にすでに、
健康な子犬が育つかが、ある程度わかるといっても過言ではありません。
心身ともに健康な子犬とめぐり合うために、どのようなことを
心得ておけばよいかを、ぜひ知っていただきたいと思います。

病気になりにくい犬とは

日本の家庭犬の多くは、人間の選択交配によって誕生した純血種やそのミックス犬たちでしょう。

純血種には、遺伝的にかかりやすい病気があります。また、遺伝病として明らかな病気のなかには、若年で失明をしたり、手術が必要になったり、生涯にわたって継続的な治療を必要とする病気も少なくありません。

海外では、ブリーダーが遺伝病をコントロールして次代に受け継がせないように努力をしている国も多く存在します。

日本でも、所有する犬に遺伝子検査を行って、遺伝病のリスクの有無を確認してから選択交配を行うような、意識

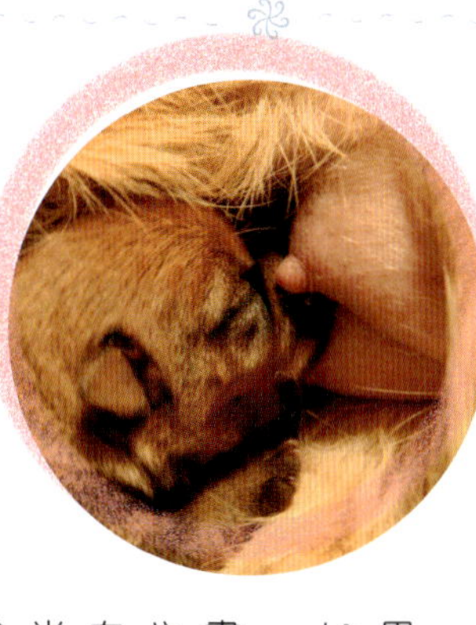

の高いブリーダーも増えてきています。

遺伝病のない健康な親犬から生まれる子犬であれば、将来、遺伝病にかかるリスクは低く、健康であるといえる要素のひとつとなるでしょう。

遺伝病の有無を調べるには

骨学的な遺伝性疾患である、股関節形成不全（HD）、肘関節形成不全（ED）に関しては、ジャパンケネルクラブが日本動物遺伝病ネットワーク（JAHD）の検査結果を任意で血統書に記載しています。

ブリーダーに、親犬の血統書を見せてもらったり、HDやED以外の遺伝病の可能性を直接尋ねてみましょう。目当ての犬種がいる場合は、子犬を迎える前に調べることをおすすめします。

これから犬を飼おうとする人は、そのような、遺伝病を持たない犬の繁殖を心がけているようなブリーダーから、あるいはそのようなブリーダーの犬を販売しているところから、犬を購入するとよいでしょう。

子犬の飼育環境に注意

不衛生な環境では、感染症（P86〜）への感染リスクが高まります。

生まれた子犬が不衛生な環境にさらされていては、ウイルスや細菌や寄生虫による感染症にかかったまま、新しい飼い主のもとに迎えられることになるかもしれません。いくら、しっかりと行われた遺伝病の管理のもとで生まれた子犬でも、これでは健康とはいえません。

ブリーダーや販売店の衛生状態も、犬を買う前に確認しておきましょう。

心の健全な成長面も重要

子犬の健全な精神面での成長に、社会化期（P80参照）の経験はとても重要になります。

母犬からの早期離乳によって、不安が強い性格が形成されやすいといった学会発表などがあるように、社会化期には、精神状態に問題のない母犬との触れ合いや、同胎犬との遊びといった、この時期しかできないよい経験を積み重ねる必要があるのです。社会化の不足が、のちに、さまざまな行動の問題を引き起こすケースも珍しくありません。

衛生的で、母犬にストレスのない育児環境のもと、親兄弟や人間と適切な社会化がされた子犬こそ、心も健康で飼いやすいのです。

Tタッチ

TECHNIQUE 1

なかしま なおみ

健康維持に役立つTタッチの基本の手技

Tタッチとは?

マッサージは筋肉に直接働きかけますが、Tタッチは神経に働きかけるものです。

グルーミングが苦手な馬に、人が手で皮膚を動かすタッチをしたところ、馬が落ち着いたのが誕生のきっかけです。開発者である馬の専門家リンダ・テリントン・ジョーンズの名前をとって「Tタッチ」と名付けられました。

人の手で行う、ふだんは経験しないような皮膚への刺激が、犬の神経を鎮めて心身のバランスを整えます。痛みの緩和や自己治癒力の向上のためにも効果的ですが、Tタッチを習慣化すると、健康維持に役立ちます。

触り方のバリエーションには、円を描くタッチ、線を描くタッチ、皮膚を持ち上げるリフトなどがあります。今回はその中から、飼い主が行いやすいようなタッチをピックアップしてご紹介します。

施術のポイント

タッチをするときに重要なのが、皮膚への圧力のかけ方。マッサージよりも、ずっとやさしい力で行います。力加減は、親指を頬骨に添え、残りの4本の指で自分のまぶたを触って、「眼球にイヤな感じがしない」くらい。その力加減で犬の皮膚を動かします。

もうひとつのポイントは、施術者がリラックスして行うこと。息を止めながらタッチをすると、施術者の体の緊張や余計な力が犬にも伝わってしまうので気をつけましょう。息をフーッと吐きながら行うのが重要です。

下半身のタッチ
～心を落ち着かせストレスから解放～

下半身をあまり意識せずに過ごしている犬が、少なくありません。Tタッチによって犬に全身を意識させることで、精神状態を落ち着かせることができ、呼吸が安定します。四肢でしっかり地面を踏みしめることにより、精神面で自信もつくため、不安が原因となる余計なストレスからも解放されます。

また、下半身を触られることが苦手な犬もいますが、Tタッチによって飼い主との絆を深められるので、なにかがあったときに身体を触られることに抵抗がなくなるのもメリットです。

アバロニのタッチ

手のひら全体を犬の皮膚につけて、円を描きながらタッチする「アバロニ」と呼ばれる手法で行います。時計の6時の位置をスタートと考えて、そこから9時まで、1周と1/4の円を手のひらで描きます。もう一方の手は犬の身体に添えます。手を置いたところから、腰、お尻、尾の付け根などを動かしましょう。1つの円を描き終えて、そのまますぐ近くを続ける場合、その手は被毛の上をすべらせて移動します。
毛をなでるのではなく、皮膚を動かすのがTタッチです。

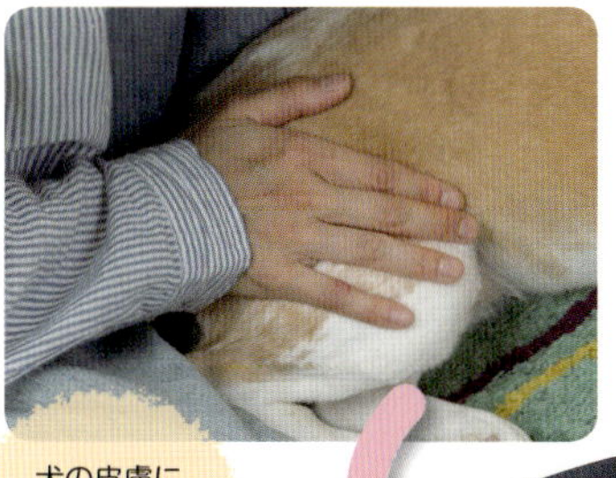

犬の皮膚に手を置いて1周と1/4の円を描く

そのまま手を放さずに下方まで数個の円を描く

アバロニタッチの方法

アバロニとは、アワビのこと。斜線で示したように手のひら全体を犬の体に密着させて、犬の皮膚を動かします。

耳のタッチ
～ツボを刺激して健康を維持～

耳にはさまざまなツボがあるので、Tタッチをすることで健康維持に役立ちます。ほんの少しの時間でもいいので、毎日継続して行うのが効果的です。ただ、飼い主が「さぁ、やらなければ」という義務感を持って始めてしまうと、そのテンションが犬に伝わるのでよくありません。飼い主もリラックスして、時間は決めずに愛犬をなでてあげたいと思ったときに、ついでにやさしく耳をタッチングしてあげるとよいでしょう。

耳の付け根を回す

犬の耳の付け根をそっと握り、耳の付け根から頭部全体の皮膚を動かすようなイメージで、軽く回します。
そのまま続けて「スライド」を行っていくとよいでしょう。

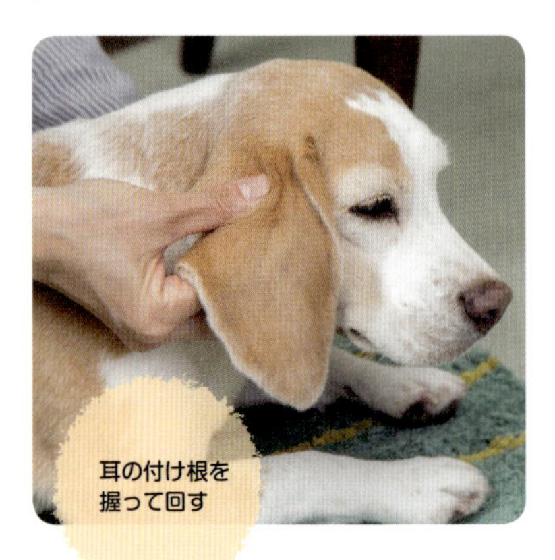

耳の付け根を握って回す

スライド

耳の根元から先端に向かって、耳全体を指でスーッとすべらせます。まず耳の内側に指を添えて、外側の指を耳全体がスライドされるように、少しずつ手をスライドしていきましょう。バラのはなびらを扱うようなやさしい力で行うのがコツです。耳の先端までスライドした指は、耳の続きがあるかのようにスーッと空中に抜けて行くような余韻を持たせるのもポイントです。

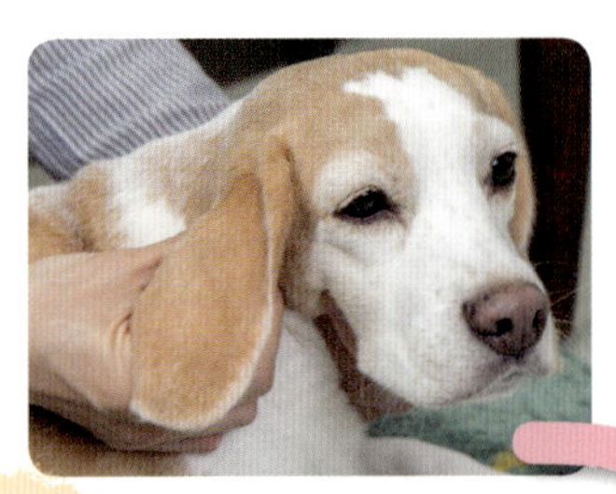

耳全体を指でなでるようにスライドさせる

尻尾のタッチ
～身体のバランスを整える～

尻尾にTタッチをすることで、犬が下半身をしっかり使えるようになります。下半身と四肢に対しての意識を犬に持つようになり、地面に四肢をしっかりと踏ん張ってバランスよく立てるようにもなります。

日ごろから尻尾へのTタッチを続けることで、身体のバランスが悪くなって生じるようなトラブルを予防するのに役立つでしょう。

テールワーク

テールワークと呼ばれる一連の動きを、施術者もゆったりとした気持ちで行いましょう。まず、手で尻尾の付け根を軽く握り、ゆっくりとやさしく回します。次に、尻尾を引っ張ります。そして、引っ張った分だけ、尻尾をもとの位置に戻します。ただ引っ張るのではなく、犬に自分の身体の大きさを意識させるように、頭から背骨を通って体全体がつながっているイメージで行うのがポイント。少しずつ、尻尾の先近くまでワークを行い、尻尾の先端をスーッと放して終了します。

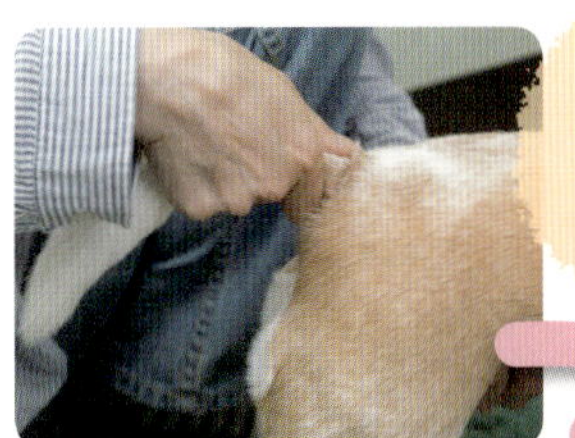

尻尾の付け根を軽く握り

やさしく回す

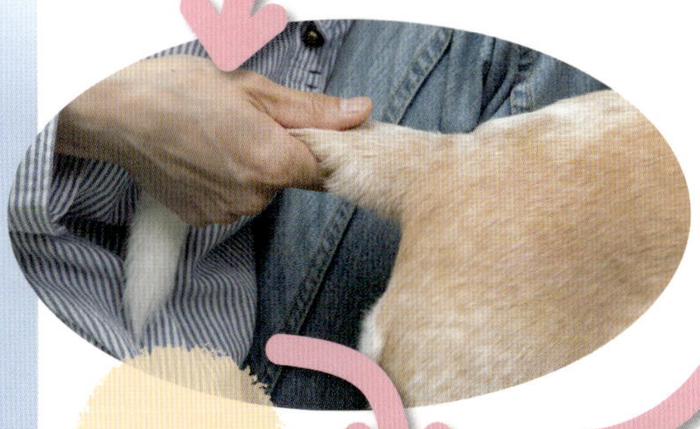

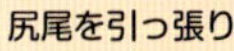

尻尾を引っ張り

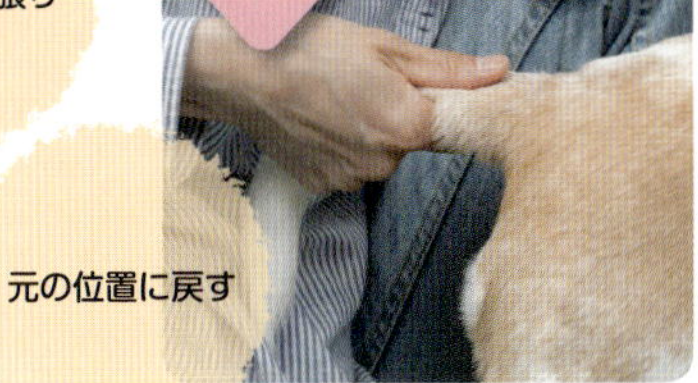

元の位置に戻す

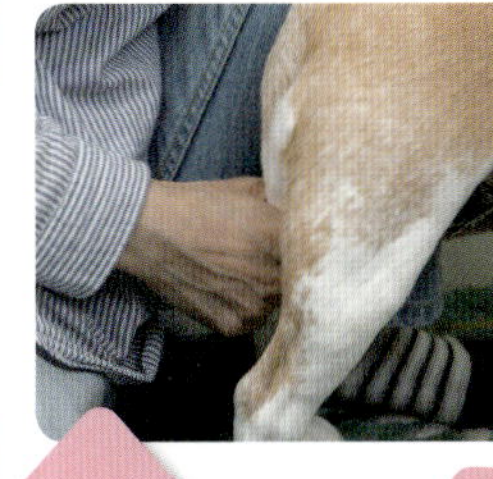

最後は尻尾の先端を下に向かってなでて

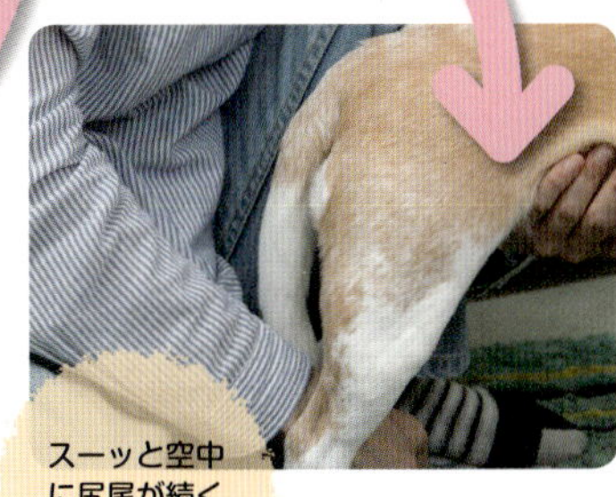

スーッと空中に尻尾が続くように放す

胸へのタッチ ～興奮を抑えて呼吸を整える～

興奮しそうであったり、興奮気味の犬の気持ちを落ち着けて安定させるタッチです。とくに子犬に、落ち着くという状況を経験させるためにも役立ちます。犬の呼吸を整えることもできるので、興奮による呼吸器トラブルを生じやすい犬にも効果があります。

胸へのタッチによって犬に自制心が芽生えれば、行動の問題の軽減につながるケースもあります。犬のストレスレベルを下げることにもつながります。

コンテインメント

Tタッチ用語では「コンテイメント」と呼ばれ、犬に「ここに、いよう」というメッセージを送るタッチです。犬を人の前面に座らせ、興奮気味の犬の胸に、両手の４本の指をあてます。犬が重心を前に動かしそうになったら、人のほうに軽く引き寄せるイメージで、４本の指で犬の胸を押さえます。それで犬が落ち着いたら、胸を押さえる力をゆるめてください。再び、犬の力が前方へかかりそうになったら、まずは飼い主が落ち着いて、軽く添えた手の力を少し強めます。これを繰り返して、犬の気持ちを落ち着かせましょう。

興奮気味の犬を飼い主の前に座らせて

胸を押さえるタッチング

落ち着いたら、手の力をゆるめる

テクニック
TECHNIQUE 2

マッサージ

なかしま なおみ

ケガや病気予防に有効なマッサージの活用法

Tタッチとの違い

筋肉にダイレクトに働きかけるのが、マッサージです。リンパや血液の流れを良好にして、硬くなった筋肉をほぐすことで健康促進に役立ち、ケガや病気の予防にも効果があります。Tタッチ同様、子犬から老犬までに行うことができます。ただし、皮膚を動かして神経に働きかけるTタッチと違い、マッサージは炎症や腫瘍のあるところや衰えた筋肉には行えません。

始める前は、飼い主がリラックスすることが重要です。犬には待てなどの命令をしないで、犬の意思を尊重して無理強いしないように。犬がその場から立ち去りたいようであれば、施術のタイミングをあらためましょう。

マッサージではまず、愛犬の体を手で触り、実際に筋肉が張っている部分を確認します。その後、愛犬が気持ちよさそうにしているのを見ながら施術を続けていきます。

マッサージの基本形

マッサージのバリエーションは豊富ですが、飼い主が愛犬にやりやすいのは、指の腹で筋肉を押す方法です。ほぐす位置や犬の体格にもよりますが、小型犬や中型犬には、親指の腹を使うと行いやすいでしょう。

皮膚から手を離さず、次に押す位置まで指をそっと皮膚の上でずらして行きます。毛並みに逆らわずに行ってください。愛犬の表情などをうかがいながら、人では物足りないと感じる位の弱い力から始めるのがポイントです。

肩甲骨のマッサージ
～ストレスを軽減～

多くの犬は前方に重心がかかりがちです。重心が前方に偏ると、呼吸が浅くなり、緊張や興奮の原因にもなります。肩甲骨まわりのマッサージにより、犬が4本の脚でしっかりと立てるようになり、重心を正せば、精神的に落ち着いた状況へと導くことができます。

このように、身体のバランスが不安定な状態が招くストレスの軽減に、肩甲骨のマッサージはとても有効です。

肩甲骨の脇に沿ってマッサージを行います。前肢に入った力をゆるめるために、親指の腹で圧をかけて行きましょう。

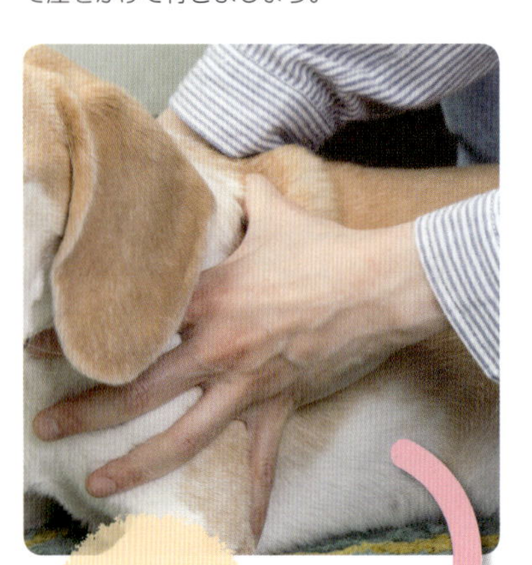

肩甲骨の周りに沿って指の腹で圧す

指をそっと皮膚の上でずらしながら行う

マッサージの圧のかけ方

指の腹で圧をかけるときは、筋肉に対して垂直に。息をゆっくり吐きながら圧をかけ、同じテンポで戻します。

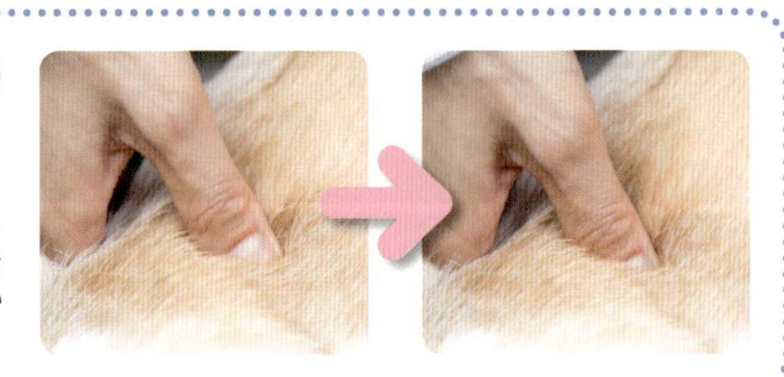

顔のマッサージ
～心身の緊張を開放～

犬が緊張感をためている場合、顔の筋肉がこわばっているものです。顔をマッサージすることで、心身の緊張を開放するのに役立ちます。飼い主も、顔の力を抜きながら行いましょう。

やさしい力で、犬の顔の周りをマッサージして行きます。目の上からスタートして、クルクルと小さな円を描くように圧をかけます。施術者の指は、犬の皮膚からずっと放さないようにしましょう。最後は、顔の骨格に沿ってリンパを流すようなイメージで、顎の下へとすべらせるようにして指を放します。

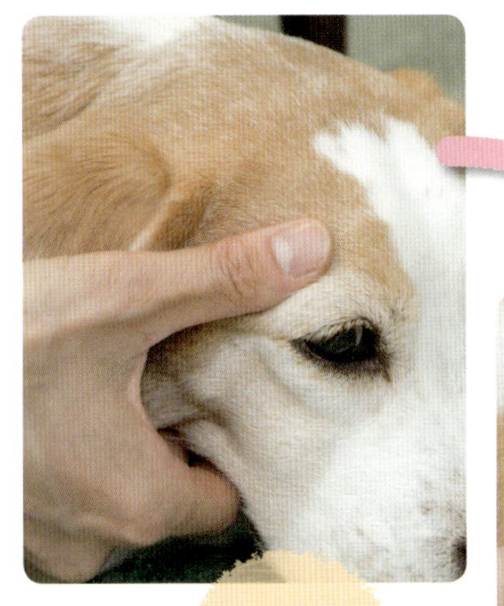

目の上の骨の上から軽い力でマッサージ

クルクルと指の腹で小さな円を描くように圧す

最後は顎の下へスーッと指をすべらせる

背骨の両脇のマッサージ
～内臓の動きを良好にする～

背骨の周りには内臓のツボが集まっているため、そこへのマッサージは、内臓の働きを促進する効果があります。気の流れをよくすることもできます。

首からお尻の近くへとマッサージをしていくことで、身体の血行促進にもつながります。子犬に行えば、健やかな成長の手助けをしてくれるでしょう。

犬の首の付け根から背中をとおり、お尻のあたりまでマッサージをします。骨の上ではなく、骨の脇をゆっくりと圧して行きます。「1、2」のカウントで圧し、「3、4」で指を放す位のテンポが最適です。犬は座っていても、寝そべっている姿勢でもかまいません。

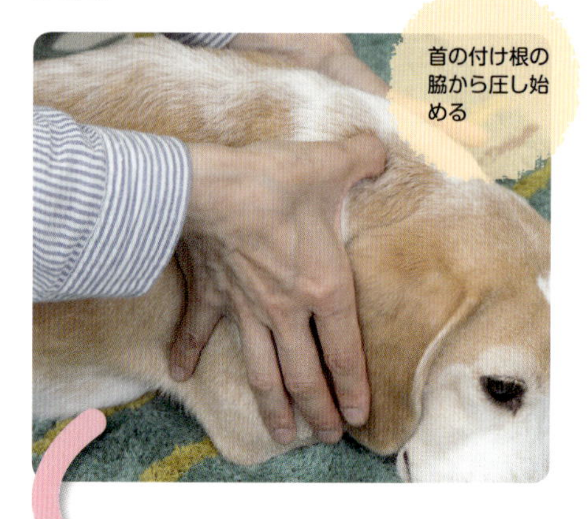

首の付け根の脇から圧し始める

犬が気持ちよさそうにする位の力加減で

次のポイントまで指は被毛をすべらせるように動かす

背骨の片方のサイドが終わったら、逆側も行う

股関節のマッサージ
～身体のバランスを整える～

股関節や膝のトラブルを予防するために、幼齢や若齢のころからの、股関節周りのマッサージが効果的です。股関節周りを柔らかくゆるめておけば、後ろ脚が十分に動かせるようになり、前肢への負担も減って全身のバランスがとれるようになります。

すでに膝蓋骨脱臼や股関節形成不全がある犬には、マッサージは行えません。

股関節と膝関節のまわりにはリンパ節があります。そこに向かってリンパを流して行くようなイメージで、筋肉を揉むというよりも、ゆるませる感じでマッサージをします。骨と筋肉をつないでいる腱を、ゆるめるのです。とくに尻尾に近い部分の骨のまわりは硬くなりがちで、股関節の動きを悪くする原因になります。尻尾やお尻近くの股関節の周りの筋肉を意識してマッサージをするとよいでしょう。

親指を使って
腱をゆるめる
ように圧す

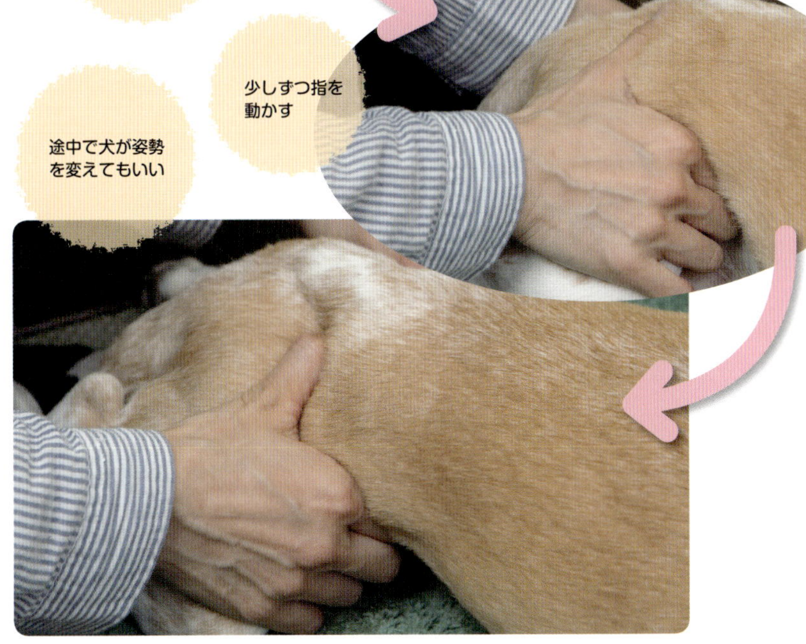

少しずつ指を
動かす

途中で犬が姿勢
を変えてもいい

TECHNIQUE 3

テクニック

ツボ刺激

石野 孝

免疫力UPや老化防止健康促進に役立つツボ刺激法

ツボ療法とは

東洋医学でいわれるツボは、犬の身体にもあります。

東洋医学では、身体の機能を健やかに保つための「気(生命エネルギー)」が身体の中を循環していると考えられていて、「気」の通り道は「経絡(けいらく)」と呼ばれます。ツボ(経穴)が配置されているのは、この経絡の上。ツボを刺激することで気の流れをよくしようというのが、東洋医学のツボ療法なのです。

ツボを刺激することで、健康促進やストレス解消といった効果が期待でき、病気の予防に役立ちます。また、すでに病気による症状がある場合に、それをツボ刺激によって緩和することもできます。

特別な道具などは必要なく、飼い主でも気軽にできるのが、ツボ刺激療法のよいところ。ぜひ、愛犬との生活に取り入れてみてください。

ツボ刺激の方法

引っ張ったり圧したり、ツボを刺激する方法は多数あります。飼い主の手を使うケースもあれば、綿棒などを使用したほうが施術しやすいケースもあります。期待できる効果に対するツボも、ひとつではありません。次ページ以降でその方法を紹介するので、ぜひコツを覚えてください。

刺激する際のポイントは、痛みと気持ちよさが半々くらいに感じる力で行うことです。たとえば、指圧の場合、小型犬にはキッチンスケールで100〜200gほど、大型犬では500g〜1kgくらいの力をかけます。

不安や緊張をやわらげるツボ……「神門（しんもん）」

心を落ち着けるツボなので、不安感やストレスの軽減に役立ちます。脳の老化を防ぐので認知症予防などにも効果があります。

肥満予防のツボ……「湧泉（ゆうせん）」

むくみを予防したり、水太りを解消したりするのに役立つツボ。腎と膀胱の機能を強化して、利尿作用を促します。

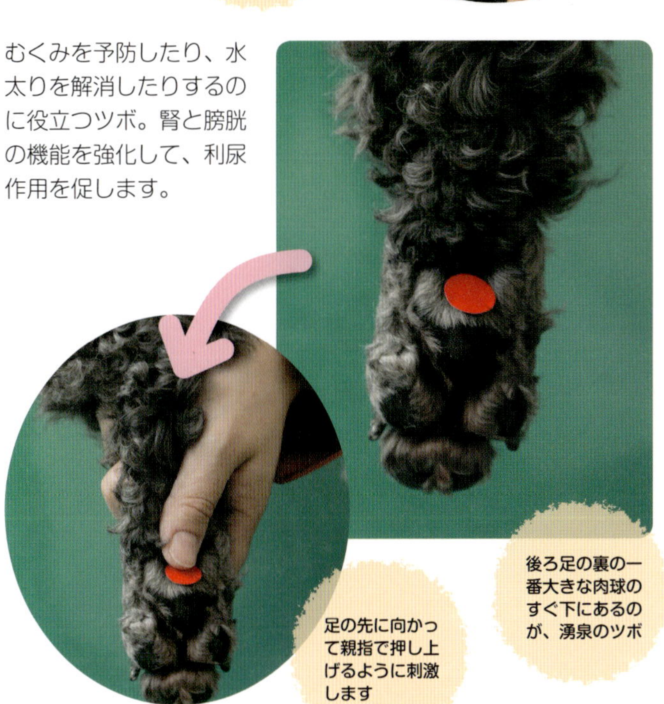

老化と密接に関係する臓器である「腎」を丈夫にするツボ。ここを刺激することで、長生きにつながると考えられています。

親指と人差し指で、10～20回ほど左右からもみほぐすように圧します

一番後ろの肋骨をたどっていくと、肋骨がついている背骨である第13胸椎があります。そのひとつ後ろの背骨である第１腰椎の、さらにひとつ後ろの第２腰椎の両脇にあるツボ

肩こりを解消するので、犬の健康維持に役立ちます。すでに関節炎や前脚の痛みがある犬にも、その症状を緩和することができます。

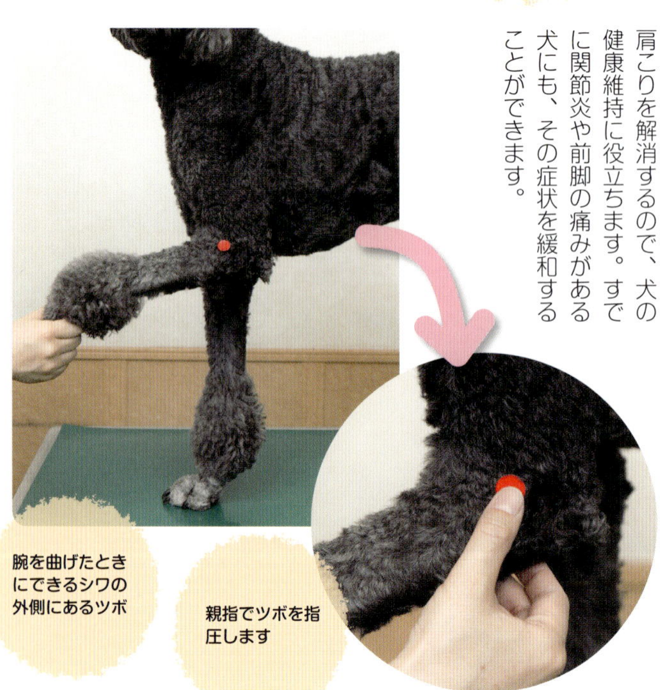

腕を曲げたときにできるシワの外側にあるツボ

親指でツボを指圧します

腰のトラブル予防のツボ 「腰の百会（ひゃくえ）」

腰の痛みや病気の予防に効果があります。関節炎、椎間板ヘルニア、腰痛をすでに発症している場合、その症状を緩和させるのにも役立ちます。

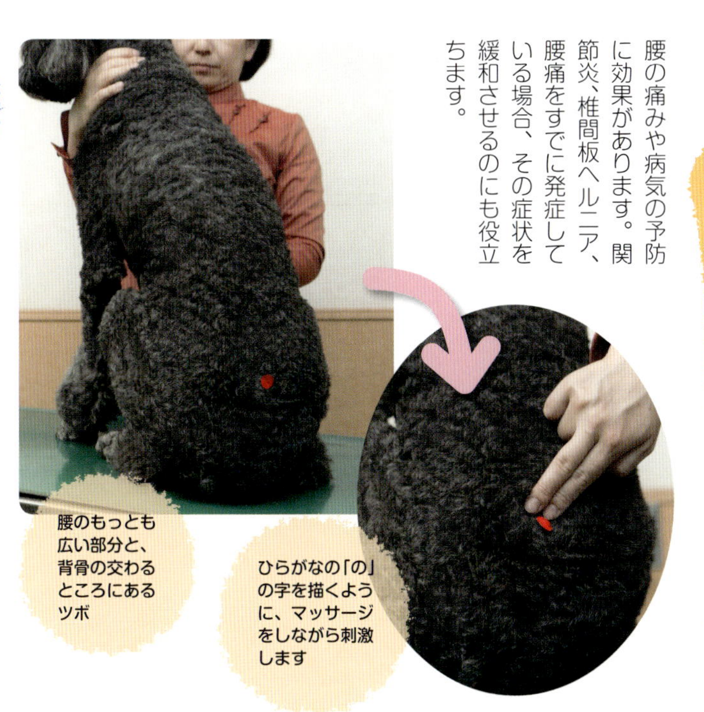

腰のもっとも広い部分と、背骨の交わるところにあるツボ

ひらがなの「の」の字を描くように、マッサージをしながら刺激します

風邪予防のツボ 「風池（ふうち）」

東洋医学では、首の後ろから風邪の「邪」が入ってきて風池にたまるといわれます。風池を鍛えておけば、全身に風邪がまわるのを未然に防げると考えられています。

耳と頭の付け根の、左右のくぼみにあるツボ

もむようなイメージで圧します

食欲不振・鼻炎解消のツボ「山根（さんこん）」

食欲不振の改善や、鼻水や鼻づまりといった鼻炎の症状の予防や緩和に効果のあるツボです。

鼻の付け根から鼻先付近まで、往復してなでながらマッサージをします

鼻の、毛の生えている部分と生えていない部分の境目にあるツボ

健康促進のツボ「督脈（とくみゃく）」

背骨の上にある多数のツボすべてを刺激して経絡の流れをよくすることで、身体のバランスを整え、健康を促進することができます。

背骨の上を走る経絡上にたくさんあるのが督脈のツボ

手の全体を使ってつまみあげ、引っ張りながらマッサージします

ストレス解消のツボ 「攅竹(さんちく)」

犬のストレスを軽減させてくれるツボです。どんな犬にも刺激してあげたいツボといえます。

眉毛と眉毛の内側にあるツボ

親指と人差し指で、攅竹を圧しながらまわしていきます

番外編

ストレスを解消する顔のピックアップマッサージ

笑い顔を作ることで、心に楽しい感情がフィードバックします。ストレス解消に、この顔のピックアップマッサージをやってあげるとよいでしょう。

犬の顔の皮をつかみ、上や下へ引っ張ります。犬を背後から抱きかかえるようにして行うとやりやすいでしょう

アロマテラピー

TECHNIQUE（テクニック） 4

相澤 まな

香りをかぐ&皮膚に塗って病気予防と補完医療に役立つ

アロマテラピーを犬にも

アロマテラピーと聞くと、匂いで心を癒すというイメージをいだくかもしれません。けれども精油には成分があり、それは薬のような働きをします。それらは植物がもっている力であり、植物の身を守るすべなのです。植物の持つ匂いは、病原菌やその植物を食べる昆虫を避けるために働いています。

植物の持つ力の恩恵を精油として利用しているのがアロマテラピーです。

植物の抽出油である精油を皮膚に塗布することで、人間はもちろん、犬の健康管理や病気の予防（プライマリー・ケア）にも役立てられます。

アロマテラピーをするうえで重要なのは、精油の質です。１００％天然のものを選んでください。ケモタイプという、無農薬で成分が明らかな精油の使用が理想的です。

飼い主が犬にできるアロマ

室内にアロマを焚く場合は、飼い主がリラックスできる香りを選びましょう。犬は飼い主がリラックスしていると、それを感じて安心できます。愛犬と一緒にアロマの香りを楽しむとよいでしょう。

犬用には、アロマのマッサージクリームを作って、肉球をマッサージしながら塗るのもおすすめです。飼い主でも簡単にできる、その作り方をこの章でご紹介します。

愛犬が興味を示す精油がどれかも観察してみましょう。犬が、本質的に必要としている精油の可能性が高いからです。

Pick Up 犬におすすめの精油

愛犬に行うアロマテラピーにおいて、
使い勝手のよい精油を、
用途別に10アイテムを選んで
ご紹介します。

ラベンダー（左の紫の花）、ローズマリー

感染予防に

病原体の付きやすい犬の足の裏に、抗菌作用のある精油を塗布して感染防止に役立てられます。

ティーツリー

学名：*Melaleuca alternifolia*
科名：フトモモ科　　圧搾部位：葉
作用：抗菌、抗ウイルス、抗真菌、
　　　抗炎症、免疫促進

パルマローザ

学名：*Cymbopogon martini*
科名：イネ科
圧搾部位：葉
作用：抗菌、抗ウイルス、皮膚弾力回復

痛みの管理に

ラベンダーに含まれる酢酸リナリル成分が、鎮痛作用をもたらします。ローズマリー・カンファーは、３種類あるローズマリー・ケモタイプのひとつで、カンファーの成分が多く、筋肉の痛み、しびれなどに作用します。ローズマリーを水に浸してつくられたハンガリアン・ウォーターは若返りの水として有名です。

ラベンダー・アングスティフォリア

学名：*Lavandula angustifolia*
科名：シソ科　　　圧搾部位：花
作用：鎮静、鎮痛、抗菌、肉芽形成促進
ひとこと：やけどや傷にも使える

ローズマリー・カンファー

学名：*Rosemarinus officinalis*
科名：シソ科　　圧搾部位：葉
作用：血液の循環を促進して神経・筋肉の
　　　動きをよくする、しびれの改善

虫よけに

精油成分のシトロネラール、シトロネロールは蚊が嫌がるに匂いです。

レモンユーカリ

学名：*Eucalyptus citriodora*
科名：フトモモ科　　圧搾部位：葉
作用：駆虫、抗炎症、抗菌、鎮静、鎮痛
ひとこと：レモンを含むわけではない

レモングラス

学名：*Cymbopogon citratus*
科名：イネ科
圧搾部位：葉
作用：駆虫、抗炎症、抗菌、鎮静、鎮痛

冷えの予防に

末端の血流やリンパの流れが滞ると冷えるので、それらの流れをよくして冷え対策をしましょう。同時に足先のマッサージをするとよりよいでしょう。

サイプレス

学名：*Cupressus sempervirens*
科名：ヒノキ科
圧搾部位：葉、球果
作用：鬱滞除去

ジュニパー

学名：*Juniperus communis*
科名：ヒノキ科
圧搾部位：実（ベリー）、枝
作用：利尿、解毒、消化促進

安眠のために

よい香りは安眠を導き、飼い主がゆったりとした気分になることで、犬も安心感をいだくことができます。

ローズウッド

学名：*Aniba rosaeodora*
科名：クスノキ科
圧搾部位：木
作用：鎮静、強壮、抗炎症、抗菌

オレンジスイート

学名：*Citrus sinensis*
科名：ミカン科
圧搾部位：果皮
作用：消化促進、精神安定

肉球マッサージクリームを作りましょう！

芳香による匂いのリラックス効果と、アロマの精油の成分による効能に加えて、肉球の潤いケアと、とても使い勝手のよいクリームを作ってみましょう。完成したクリームの使用期限は、常温で１年ほどです。

愛犬のタイプ別おすすめアロマ

クリームに混ぜる精油は、愛犬のタイプ別にチョイスのがおすすめです。

- 不安が強く飼い主への依存心が強いタイプには……
  ラベンダー・アングスティフォリア３滴
- 虚弱体質、感染症に注意が必要なタイプには……
  パルマローザ３滴
- 代謝が悪く冷え症気味タイプには……
  ジュニパー３滴

1 調合する

親水軟膏10gを容器に入れ、適量の精油を加える

2 混ぜる

軟膏と精油を、清潔な棒などでよく混ぜ合わせます

3 調整する

クリームが硬い場合は、精製ラノリンを3gほど入れて混ぜます

完成したら……

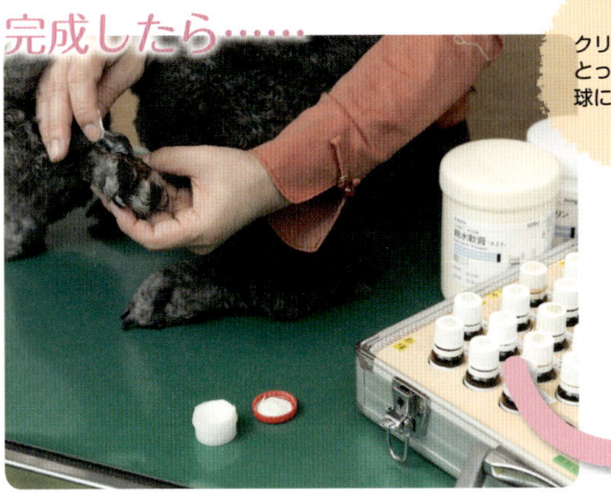

クリームを手にとって愛犬の肉球に塗ります

ツボを刺激しながら、ゆったりした気持ちでマッサージをしてあげましょう

コラム

ペット保険の利用法（編集部）

ペット保険とは

ペット保険とは、医療費をカバーしてくれる損害保険。ペットを被保険者である飼い主の所有物と考え、通院、入院、手術などの医療費を負担してくれます。大別すると、損保会社が運営しているものと、小額短期保険会社が運営しているものがあり、多くが、1年更新の掛け捨てとなります。

全額負担だと、どうしても高額になってしまう愛犬の医療費。いざというときのために、健康なうちにペット保険に加入しておくのも賢明な選択です。

商品は比較検討が必要

会社により、補償内容が異なるため、加入前には比較検討が必要となります。

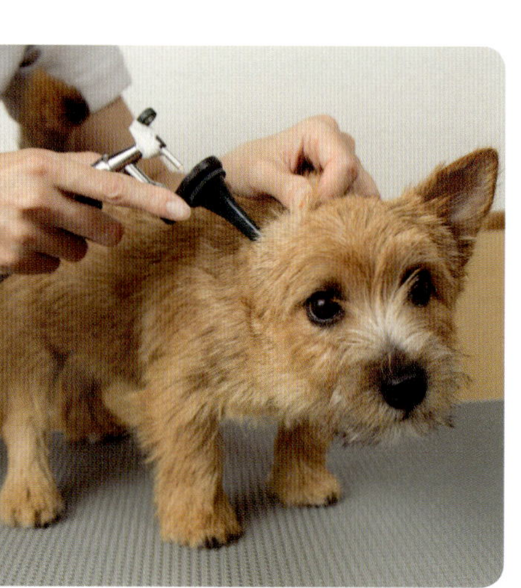

ペット保険を活用すれば、愛犬にかかる医療費が抑えられることもあります

たとえば、同じ疾病での入院・手術でも、プランや、保険会社が定めた限度回数や限度額によって、支払われる保険金が変わってきます。入院では年に何日間まで補償されるのか、手術は年に何回までいくら補償されるのかといったポイントを確認しましょう。

また、月々の保険料が安いかわりに、通院には対応プランがなく入院と手術だけを補償する保険もあれば、保険料は比較的高額でも、通院では医療費の70%までカバーされる保険など、さまざまなタイプがあります。

ほとんどの商品は、犬種によって、保険金の掛け金が異なります。

保険金が支払い対象とはならない疾病に関しても、保険会社により異なります。先天性の異常や、遺伝的な要因があるといわれる股関節形成不全やてんかんなどです。帝王切開による出産や、ワクチンなどで予防できる感染症も、原則的には補償の対象とはなりません。それらも調べておくとよいでしょう。

ペット保険に新規加入が可能な年齢に関しても、7歳11カ月までの保険会社もあれば、12歳11カ月までのところもあるなど、まちまちです。

自分の愛犬に合いそうな保険会社やプランを、よく確認してから、ペット保険を提供する会社とプランを選ぶことが重要です。

第7章

シニアからの健康管理

■戸田 功

サポート
SUPPORT 1

シニアドッグの生活

何歳からがシニアドッグ?

歯の老化は6歳位から始まります。
シニアの準備期には、必ず健康チェックをしましょう。

犬の老化とは?

愛犬も人間と同様、加齢とともに体力が衰え、肉体的変化が現れます。目立つ変化は、外見や日常の行動、聴覚、視覚、嗅覚の衰えです。

具体的に何歳から老化が始まるかは、犬種、遺伝、飼育条件などによって差がありますが、大型犬は5歳、小型犬は6歳になったらシニア期への準備を始めるのがベストです。この時期にきちんと準備をしておけば、シニア期以降も生き生きと、元気に暮らせます。

必ず行っておきたいのは、肥満対策です。愛犬の太りすぎは、関節や靭帯、椎間板に負担をかけ、関節炎や椎間板ヘルニアなどにかかる危険性を高めます。愛犬が歩けなくなれば、老化のスピードは速まります。また、心臓や呼吸器に負担をかけ、よいことはひとつもありません。

シニアになってからのダイエットは、体にかなりの負担がかかります。大型犬は5歳、小型犬は6歳になっても太りすぎだったら、必ず獣医師の指導のもとでダイエットをして、適正な体重に戻しましょう。

歯の老化は6歳位から始まる

若い愛犬は歯が汚れていても、唾液が多かったり、口腔内のバイ菌の量が少なかったりするため、歯肉炎か初期の歯周病でとどまっている場合がほとんどです。しかし、6歳を超えた頃からは、中期以降の歯周病に進行していくケースが多くなります。愛犬が6歳になったら、必ず獣医師のデンタルチェックを受けましょう。必要なら、クリーニングをしてもらいます。

準備期にきちんと対策しておくと、老後のQOLがグッとアップ！

5〜7歳
シニアの準備期

見た目も体もさほど変化がないこの時期に、さまざまな対策を講じて老後に備えます。

8歳以上
シニア期

腎臓・心臓の数値に変化はあっても、自立歩行や飲食ができて元気に生活している期間です。

犬によって異なるが
11〜13歳以降
老犬

自立歩行ができなくなり、寝たきりになったりします。自力での食事ができなくなり、認知症の症状が出る犬もいます。

シニアの準備期にしておくべきこと

口の準備

●何が起こる？
シニアにさしかかると口腔内のバイ菌の量が増えます。また、口腔内を洗う作用がある唾液の量が歳とともに減り、免疫力が落ちていきます。そのため、歯石が増えて、歯周病へと進行していきます。

●対策は？
口臭原因菌の生育を抑制して口内環境を整えるデンタルスプレーが市販されているので、うまく取り入れていきましょう。また、獣医師に相談して、デンタルクリーニングをしておきましょう。

体の準備

●何が起こる？
身体検査をしても数値的な異常を示す箇所は少ないですが、徐々に老化は進行しています。この時期にしっかりと対策をして、老後に備えましょう。

●対策は？
まず、かかりつけの動物病院で健康診断を受けます。太り気味の場合は、今のうちに無理のないダイエットをしておきましょう。散歩の回数を増やして、体力を付けておくことも大切です。関節や靱帯に負担をかけないよう、階段の上り下りはやめさせて、フローリングには滑らないように絨毯やコルクマットを敷いておきます。また、温度と湿度の変化に気を配り、温度は25度前後、湿度は50％前後に保つようにします。

食事の準備

●何が起こる？
若い頃とは、必要となる栄養素が変わってきます。

●対策は？
愛犬が1日に飲む水の量をチェックして、「健康なときはどれくらい水を飲むのか」を把握しておきましょう。また、シニア向けのドッグフードに徐々に変えていきましょう。将来、処方食に変えなければならなくなったときのため、「手作り食しか食べない」愛犬もドッグフードに慣らしておくのがベストです。

シニアドッグの運動

愛犬が生き生きと健康な老後を過ごせるよう、
体に負担をかけない運動を始めましょう

身体に負担のかかる激しい運動は控えましょう

NG

関節のケアを

シニアにさしかかると、骨量が徐々に減少し、骨が弱くなります。また、関節を形成する軟骨の張力、硬さ、量などが減少していきます。さらに、靭帯も老化で硬くもろくなります。シニアの準備期に入ったら、骨や軟骨、靭帯などに負担をかけないよう気をつけましょう。

靭帯は骨同士をつないで離れないようにしている、ゴムのような組織です。筋肉のような伸縮性はありませんが、足の動きをスムーズに保つ重要な役割を担っています。靭帯は一度損傷すると元通りの弾力を取り戻せなくなるため、シニアに入ってからは特に靭帯の様子に気をつけてください。足をかばったり、おしりを振りながら歩くようになったりしたら（モンローウォーク）、すぐに動物病院に相談をしましょう。

体に負担をかけない運動を

ボール遊びは飛んだり、急な方向転換をしたりして関節に負担をかけるので避けてください。また、走るのはやめて歩くことを心がけます。階段の上り下りは、愛犬の肩や腰などの関節に負担をかけます。階段や段差などはなるべく避けるように、散歩コースを考えましょう。過度の散歩は厳禁ですが、適度な運動は関節を柔軟に保ちながら筋力を維持したり、脳に適切な刺激を与えて活性化したりする上でも非常に重要です。様子を見ながら無理のない範囲で、犬との散歩を楽しんでください。

（※靭帯は関節に含まれる要素です。関節は靭帯、骨、軟骨、関節液、関節胞などからできています。）

犬と人間の年齢換算表

	対象		
	人間	大型犬	小型犬
年齢	1歳		1ヵ月
	3歳		2ヵ月
	5歳		3ヵ月
	9歳		6ヵ月
	12歳	1歳	
	13歳		9ヵ月
	17歳		1歳
	19歳	2歳	
	20歳		1歳半
	23歳		2歳
	26歳	3歳	
	28歳		3歳
	32歳		4歳
	33歳	4歳	
	36歳		5歳
	40歳	5歳	6歳
	44歳		7歳
	48歳	6歳	8歳
	52歳		9歳
	54歳	7歳	
	56歳		10歳
	60歳		11歳
	64歳		12歳
	68歳	9歳	13歳
	72歳		14歳
	76歳	10歳	15歳
	80歳		16歳
	81歳	11歳	
	84歳		17歳
	86歳	12歳	
	88歳		18歳
	92歳	13歳	19歳
	96歳		20歳

※獣医師広報板（http://www.vets.ne.jp/）より引用

おすすめ!

頭と体の室内エクササイズ

かくれんぼゲーム

●やり方……

愛犬がいる部屋とは別の部屋で愛犬の名前を呼び、近づいてくる気配があったら物陰に隠れます。愛犬が自分を見つけたら、思い切りほめてください。

飼い主を探すために視覚・聴覚・嗅覚を総動員するため、脳の活性化にも役立ちます。

おやつ探しゲーム

●やり方……

知育玩具を複数用意し、愛犬が大好きなおやつを詰めます。はじめは愛犬に見せるように隠し、愛犬が見つけることに慣れてきたら家具の陰などに隠します。うまく見つけられたら、よくほめておやつをあげます。

※フローリングの床にはコルクマットを敷くなど、P136で紹介するような安全策を施した部屋で行ってください。また、愛犬がおやつやおもちゃに興奮しやすい性格の場合は、かくれんぼのみにしましょう。

抱っこやカートでお散歩するだけでも効果的

愛犬が歩けなくなってしまっても、小型犬は抱っこ、中型犬はカート、大型犬は台車に乗せて近所を一回りするだけでも脳の活性化に役立ちます。なるべく外に出て、嗅覚、視覚的な刺激を増やしてあげましょう。

ケガや病気を予防する環境づくり

シニアになってからのケガは治りが遅いもの。
愛犬にとって危険な要素を部屋から取り除いておきましょう

多くのケガは室内で起きています

犬のケガのほとんどは、家の中で起きています。とくに気をつけたいのは、階段、ソファ、フローリングです。

階段は人間の足用に作られており、犬がまたぐには高すぎるもの。上り下りは犬の腰や肩などの関節に大きな負担をかけます。シニアの準備期になったら、階段の上り下りはさせないようにしてください。

ソファは、乗るとき、降りるときの両方でケガをしやすい場所です。それでもお気に入りのソファに乗せたい場合は、市販されているシニアドッグ用のドッグ・ステップ（登り台）などを活用してください。また、急に飛び降りることがないように気をつけて見てあげましょう。

足が滑るフローリングも、犬の関節に負担をかけます。フローリングには、必ずコルクマットや絨毯などを敷いて滑らないようにしてください。とくに、ドアベルの音で玄関にダッシュする癖がある犬は、ドアベルが鳴ってからの踏み切り時、飛び出し時にケガをするケースがシニアになると増えます。愛犬の性格を把握し、サークル内で飼育するなど飛び出さない工夫をしましょう。

温度だけではなく湿度も要注意

部屋の温度管理については気をつけているかもしれませんが、愛犬にとっては湿度も重要です。詳細を次のページにまとめたので、参考にしてください。

温度と湿度をしっかり管理

1 温度管理

エアコンの過信は禁物。部屋全体や愛犬がいる床近辺には行き渡っていない場合があります。また、冬でも日当たりがよい日は、窓辺の温度が上昇する危険があるので、サークルやクレートの置き場所には気をつけましょう。

2 温度変化

シニアドッグは温度変化がとても苦手。とくに、冬場に暖かい場所から寒い場所に出るなどの急激な温度変化があると、気管に負担がかかり、咳が出たり、や血管が収縮し心臓に負担がかかる危険性があります。10～15分かけて、徐々に温度を下げるようにしてください。

3 湿度管理

室内の湿度は、常に50％前後に保ってください。湿度が高くて暑い日が、犬にとってもっとも悪い環境です。除湿器、エアコンの「ドライ」機能などを使って、無駄な湿気を部屋から排出しましょう。また、冬の乾燥も犬の呼吸器にとっては辛いもの。冬は加湿器の出番です。

どうして犬には湿度管理が大切なのでしょう

一般的に犬は寒さに強いけれども、体温を下げることが苦手です。

多くの犬は被毛に覆われており“保温効果”がありますが、体温が高いときには裏目に出てしまいます。

人では汗をかくことで体温を下げる働きがあります。犬にも汗腺はありますが、人ほど汗をかく犬はあまりいません。その結果、汗の水分を気化することによる体温を下げる機能（気化熱）が低いようです。犬では、主に肺などの呼吸器の表面での気化熱により体温を下げています。体温が上がると「パンティング」と呼ばれる激しい呼吸をすることで、体温を下げようとします。ところが、パンティング自体が筋肉運動であるため、パンティングを続けることで、逆に体温が上がってしまうことになります。

また、湿気が高いと洗濯物が乾きにくくなるように、湿度が高いと気化熱で体温が下がりにくくなります。つまり、部屋の湿度が高いと、犬の呼吸器では気化ができにくくなり、体温が下がりにくくなります。そのため、効果的な犬の体温調節のために、50%前後という適度な湿度に保つ必要があるのです。

シニアドッグの健康を保つサプリ

シニアドッグの健康を保つために取り入れたいサプリメントについてまとめました。

シニアの入り口から抗酸化剤が必要になってきます

体内が酸化すると細胞の老化が促進されますから、シニアの準備期に入ったらかかりつけの動物病院に相談したうえで、抗酸化剤を取り入れるといいでしょう。体脂肪が多いと血液中の脂肪が酸化しやすくなり、体内での過酸化脂質を増やしてさまざまな生活習慣病の原因となります。よって、肥満の犬には抗酸化剤がとくに必要といえるでしょう。抗酸化作用がある物質としては、ビタミンA、ビタミンE、セレン、カロテノイド、コエンザイムQ10などが知られています。これらがバランスよく配合された抗酸化剤も市販されているので、動物病院に相談をしながら、愛犬の生活に取り入れていきましょう。

愛犬に合わせたサプリメントをバランスよく、が基本です

愛犬にとって年齢を問わず大切なのは、体内の善玉菌を増やして免疫力を高めることです。人や動物の消化管に常在する免疫調節作用がある乳酸菌を含んだ「ペディオコッカス・プロバイオティクス」を犬や猫に与えると、食物の消化を促し、有害物質を減少させる効果があることが学会でも発表されています。この物質をバランスよく含んだドッグフードやサプリメントも市販されています。また、皮膚や関節のトラブルを抱える愛犬には、コンドロイチンが入ったサプリもありますが、いずれも自己流で飲ませるのはおすすめできません。かかりつけの動物病院と相談しながら取り入れていきましょう。

シニアドッグの歯のケア

シニアドッグの口は、若いときよりも渇いていることを意識した手入れを心がけましょう。

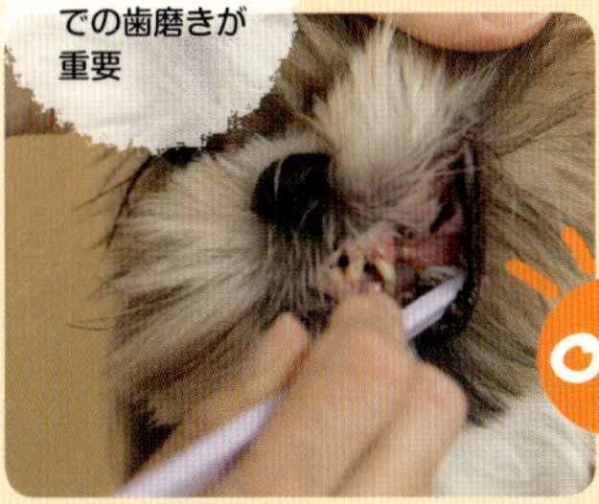

シニアになっても歯磨きは歯ブラシが基本です

まず、シニアの準備期に入ったら、かかりつけの動物病院で歯のクリーニングについて相談をしてください。体に負担が少ないこの時期に抜本的な対策をしておくことが重要です。

クリーニングを行った後は、毎日のまめな手入れで歯周病を防ぎましょう。シニアになってからも、「歯磨きは歯ブラシで」が基本です。32ページを参考に、歯垢を掻き出すように歯磨きをしてください。歯の表面だけではなく、歯と歯茎の境目にできる「歯周ポケット」を意識して、ここにブラシの先端が入るように心がけるとなおよいです。口内環境を整えるデンタルスプレーなども活用してください。

シニアになると唾液が少なくなり、口が渇いてきます。ジェルの歯磨き剤は歯周ポケットに入りにくいので、液体の歯磨き剤を使いましょう。浸透力がアップするので、歯周病の予防に最適です。

シニアになっても歯ブラシでの歯磨きが重要

OK!

口が渇いていれば液体の歯磨き剤がおすすめ

味が付いていてもいいので水を飲ませてください

「水を飲む」ことには、体内に水分を補給する効果はもちろん、口の中の汚れを洗う効果もあります。シニアになると唾液量も減ります。水をあまり飲まなくなる犬もいますが、脱水状態を防ぐためにも、こまめな水分補給は重要です。散歩の途中や、家の中でも愛犬がなるべく水を飲めるように心がけてください。水に混ぜて飲ませるタイプのマウスクリーナーを取り入れるのもよいでしょう。

OK!

味をつけてもいいので水を飲ませましょう

認知症や寝たきりになったら

近ごろ増えてきた認知症や、寝たきりになった場合の
危険の予防についてまとめました。

認知症のチェック項目	
○	夜中に突然、理由もなく吠えだし、止めても鳴きやまない（夜鳴き）
○	前にのみとぼとぼと歩いたり、ぐるぐると円を描くように歩いたりする（旋回運動）
○	家具の隙間など狭いところに入りたがり、自分ではバックできないため出られなくなり鳴く
○	飼い主や、自分の名前もわからなくなり、何事にも無反応になる
○	よく寝てよく食べ、下痢もしないのに、だんだんと痩せてくる

寝たきりになったら、床ずれ防止マットも活用できます。

愛犬の認知症とは？

犬の寿命が飛躍的に延びたことに伴い、認知障害症候群（認知症）の犬が多くなってきました。加齢により脳に退行性の変化が起き、精神や身体機能のコントロール能力が次第に低下し、認知症を患うようになります。認知症は、どの犬種でもみられますが、一般的には11歳以降、年齢を重ねるごとに発症率が増加します。上の表に掲げたチェック項目のうち、ひとつでも該当すれば、認知症の可能性があると判断されます。

昼間はずっと寝ているのに、家族が寝静まる頃になると起きだして、一晩中大きな声で吠え続ける「夜鳴き」に悩む飼い主が多く見られます。最近では薬物療法や、GABA、DHA、EPAなどのサプリメント投与の有効性が注目されているので、獣医師に相談をしてください。

寝たきりになったら？

寝たきりになると、骨と床の間に挟まれた皮膚が血行不良になり、その部分の皮膚が壊死して、皮膚に穴が開きます。これが床ずれ（褥瘡（じょくそう））です。愛犬が寝たきりになったら、柔らかい床ずれ防止用マットに寝かせ、1～2時間ごとに寝返りを打たせてあげてください。全身の血行を維持するためによく触り、マッサージをすることも大切です。スキンシップは、愛犬の脳の活性化にもつながります。

オムツをしている愛犬のオシッコやウンチは、尿焼けなどで皮膚を腐らせる危険があります。ウンチだけではなく、オシッコをしたときも拭くだけでなく洗い流し、こまめにオムツを換えて、清潔にしてあげましょう。

シニアドッグによく見られる病気

	病名	症状など
歯の病気	歯周病	歯の汚れではなく、歯の周りの顎の骨が腐る病気です。歯の周辺の歯周ポケットから膿が出るのが主な症状で、飼い主が気づかないうちに進行し、歯のぐらつきや歯が抜けるなどの症状が見られます。歯周病菌や歯から出る悪い物質によって、腎臓、心臓、肝臓に悪影響が及ぶ場合があります。
目の病気	白内障	人と同じく水晶体の一部または全部が白濁する病気です。7～8歳ぐらいから老化に伴って進行していく加齢性の白内障が多く見られます。飼い主が気づかないことも多いので、検診でチェックしてもらうとよいでしょう。
	ドライアイ	涙液の量が少なくなり、角膜上皮にさまざまな疾患があらわれる病気です。目の保護膜が損傷しているので、細菌に感染しやすく、さまざまな眼病の原因となります。目ヤニが多くなることが特徴です。短頭種にとくに多く見られます。ゆっくりと進行するため、飼い主に気づかれにくい病気です。検診をこまめに受け、軽症の時から対策を取り、進行させないことが重要です。
心臓病	僧帽弁閉鎖不全症	この病気は、左心房と左心室の間にある僧帽弁が完全に閉じなくなり、左心室から左心房に血液が逆流してしまう疾患をいいます。小型犬種に多くみられます。5～6歳ぐらいから発症する犬もいますが、末期まで飼い主が気づく症状はでません。病状が進行すると、疲れやすく、「ガーガー」というような湿った咳をするようになります。最終的には心不全を引き起こして死に至ります。日頃からの検診で早めに病気を見つけ、進行させない対策を取ることが重要です。
骨や関節の病気	関節疾患	老化に伴い骨がもろくなり、靭帯も痛めやすくなり、関節軟骨の機能も低下してきます。慢性関節炎の初期には、足をかばう症状がときどきみられるだけです。休んだ後に、始めだけ足をかばって歩くことが特徴で、すぐに普通に歩くため、見逃しがちです。肥満した犬は、体重が関節に負担をかけるのでさらに悪化します。適正な体重にするのが大切です。無理な運動をさせると関節を痛めやすいため、過剰な運動や、階段や椅子などの上り下りをさせないように気をつけましょう。シニア期からは関節用のサプリメントの投与を開始することも大切です。
	骨粗鬆症	骨の状態は、加齢だけでなく、ホルモンや栄養状態にも大きく影響を受けます。肉と野菜の手作り食などの偏った食事をあげている飼い主も多く、犬が肥満の上にミネラル不足から骨粗鬆症になっていることが多くみられます。若いころからの、適度な運動と栄養バランスのよい食事と肥満にさせない生活環境が重要です。骨粗鬆症は末期まで症状がなく、腰や背骨が曲がってからでは手遅れです。定期的な検診で対策を取ることが重要です。
神経疾患	運動機能の低下	運動に関わる神経疾患の場合、初期には関節疾患と区別しにくい場合があります。運動機能の低下は痛みを伴いません。慢性的で徐々に悪化する歩行の異常がみられたら、軽度のうちから動物病院で診断を受け、対策を講じることが重要です。
	頭部の神経疾患	頭部の神経疾患には、認知症のようなゆっくりと進行する病気もありますが、脳梗塞、脳腫瘍、てんかんなどの急に症状が出る病気もあります。神経疾患の中には、診断が難しく、治療も困難な病気もあります。予防や対策を講じることは難しい疾患です。発作を伴うときは、迅速に動物病院を受診しましょう。
泌尿器の病気	慢性腎不全	腎臓は加齢に伴って機能が低下します。後期まで症状はみられません。後期になると、尿を濃縮できないために、水を多く飲み、薄い水のような尿をします。
消化器系の病気	肝臓疾患	加齢だけでなく、メタボリックシンドロームに関連し、肝臓と胆嚢胆管系の疾患は近年増加しています。肝臓病は腎不全と同様に、末期まで症状がでません。胆管や胆嚢の病気も非常に多く、閉塞や破裂した場合は、急な激しい腹痛が見られます。肝臓にはこれといったよい薬がなく、肝臓病になるとなかなか治りません。日ごろからの検診で早期に見つけ、食事でじっくり管理することが重要です。
腫瘍	乳腺腫瘍	犬では、人以上に乳腺の腫瘍は非常に多く見られます。とくに、避妊手術をしていないメス犬では、乳腺腫瘍が高確率で発症します。乳腺の腫瘍のうち3～4割は乳腺ガンですから、乳房にしこりがみられたら、速やかに動物病院で病理検査を受けてください。また、7歳を過ぎた避妊手術をしていないメス犬では、高率に、子宮や卵巣の異常が見られます。これらも末期まで症状がみられないため、出産をさせないメス犬は、若い年齢で避妊手術をすることが予防になります。遅くとも10歳までには避妊手術を受けましょう。
	その他の腫瘍	年齢とともに、体のいたるところに腫瘍ができます。ほとんどの腫瘍は痛みを伴わないため、多くの飼い主が見落としがちです。定期的な検診に加え、CTなどの詳細な検査を行うとよいでしょう。また、加齢とともに体表にはイボのようなものが多発する場合が多くみられます。多くのものが悪性ではない乳頭腫やイボです。毛包嚢胞という、見た目は乳頭腫と似ているできものが多くみられます。これは毛根の分泌腺の分泌物が溜まってできたもので、腫瘍とは異なります。しかし、これらはゆっくりと大きくなり、皮膚の下や表面で破れて広範囲に化膿することもあるため、できるだけ早期に切除手術などにより摘出する方がよいでしょう。

■さくいん

あ行

か行

さ行

た行

な行

は行

ま行

や・ら・わ行

英字

■執筆者紹介　（五十音順・敬称略）

相澤 まな
獣医師。かまくらげんき動物病院（神奈川県藤沢市）副院長。

石野 孝
獣医師。かまくらげんき動物病院（神奈川県藤沢市）院長。南京農業大学（中国）教授。

加隈 良枝
帝京科学大学 アニマルサイエンス学科 准教授。農学博士。

兼島 孝
獣医師。みずほ台動物病院（埼玉県富士見市）院長、
琉球動物医療センター（沖縄県豊見城市）院長。

戸田 功
獣医師。とだ動物病院（東京都江東区）院長。

なかしま なおみ
ぱれっと（東京都江戸川区）主宰。ＴタッチＰ１認定プラクティショナー。

箱崎 加奈子
獣医師、トリマー、ドッグ・トレーナー。
ペットスペース＆アニマルクリニックまりも（東京都世田谷区）院長。

編集：有限会社チノリ（臼井京音）

編集協力：石原美紀子

装丁・デザイン：YUMEX

イラスト：渡邉朋子

写真撮影：朝岡吾郎、臼井京音

写真提供・協力：杉浦市郎、みずほ台動物病院、ペピイ（P136,P140 http://www.peppynet.com/）

犬にも人にも優しい飼い方のメソッド
愛犬をケガや病気から守る本 NDC 645.6

2015年1月20日 発行

編 者 愛犬の友編集部
発行者 小川雄一
発行所 株式会社 誠文堂新光社
〒113-0033 東京都文京区本郷3-3-11
（編集）03-5800-5751
（販売）03-5800-5780
http://www.seibundo-shinkosha.net/

印刷所 株式会社 大熊整美堂
製本所 和光堂 株式会社

ISBN978-4-416-61546-1